图 1-1-1　淋浴房

图 1-2-1　台上盆

图 1-0-1　卫生间效果图

卫生间的绘制

图 1-3-1　连体马桶

U0397664

图 1-4-1　波轮式洗衣机

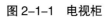

图 2-1-1　电视柜

图 2-3-1　客厅地毯

客厅的绘制

图 2-0-1　客厅效果图

图 2-2-1　沙发

图 2-4-1　阳台

图 3-1-1 衣橱

卧室的绘制

图 3-0-1 卧式效果图

图 3-2-1 床

图 3-4-1 餐厅

装饰平面图的绘制

图 4-0-1　室内设计局部效果图

装饰立面图的绘制

图 5-0-1　室内立面局部效果图

AutoCAD 2014
——建筑装饰

职业教育土木工程专业教学用书

主编 叶家敏

华东师范大学出版社
·上海·

图书在版编目（CIP）数据

AutoCAD 2014：建筑装饰/叶家敏主编. —上海：
华东师范大学出版社，2016
ISBN 978-7-5675-5701-7

Ⅰ.① A… Ⅱ.① 叶… Ⅲ.① 建筑装饰—建筑设计—
计算机辅助设计—AutoCAD软件—中等专业学校—教材
Ⅳ.① TU238-39

中国版本图书馆CIP数据核字（2006）第223761号

AutoCAD 2014——建筑装饰

职业教育土木工程专业教学用书

主　　编　叶家敏
责任编辑　李　琴
审读编辑　罗　彦
装帧设计　庄玉侠

出版发行　华东师范大学出版社
社　　址　上海市中山北路3663号　邮编 200062
网　　址　www.ecnupress.com.cn
电　　话　021－60821666　　行政传真 021－62572105
客服电话　021－62865537　　门市（邮购）电话 021－62869887
地　　址　上海市中山北路3663号华东师范大学校内先锋路口
网　　店　http://hdsdcbs.tmall.com/

印 刷 者　常熟市文化印刷有限公司
开　　本　787 毫米×1092 毫米　1/16
插　　页　2
印　　张　13.5
字　　数　305千字
版　　次　2017年1月第1版
印　　次　2024年8月第8次
书　　号　ISBN 978-7-5675-5701-7/G·9827
定　　价　27.00元

出 版 人　王　焰

（如发现本版图书有印订质量问题,请寄回本社客服中心调换或电话021－62865537联系）

本书是职业教育教学用书。

本书在编写上突破了传统 CAD 教材的编写模式，以岗位职业能力分析和职业技能考核为指导，以项目教学和任务驱动为总原则，力求理论和实践的结合。本书在内容的安排上遵循职业学校学生的认知规律，采用简明易懂的文字叙述、细致详尽的操作示例，帮助学生能更快、更充分地掌握 AutoCAD 2014 的相关操作技能。具体栏目设计如下：

任务描述：通过对任务的描述，引出各任务的主要内容。

任务分析：分析任务中涉及的主要步骤和重点知识。

方法与步骤：通过详细的步骤操作叙述，全面培养学生 AutoCAD 2014 平面制图的操作能力。

相关知识与技能：对操作过程中涉及的重要知识点进行介绍。

拓展与提高：补充相关知识点，拓展学生的知识面。

思考与练习：与任务相关的补充练习题，供学生复习、操练。

为方便教师授课，本书的相关素材、思考与练习的参考答案，请至 have.ecnupress.com.cn 搜索关键字"AutoCAD"下载。

华东师范大学出版社

2017 年 1 月

AutoCAD 是由美国 Autodesk 公司开发的通用计算机辅助设计软件，具有易于掌握、使用方便、体系结构开放等优点，能够绘制二维图形与三维图形、标注尺寸、渲染图形以及打印输出图纸，目前已被广泛应用于建筑、机械、电子、土木工程等领域。

本书在编写体系上突破了传统 CAD 教材的编写模式，以世纪东方城二房二厅装饰工程实例绘制为主线，以岗位职业能力分析和职业技能考证为指导，以项目教学和任务驱动为总原则，力求理论与实际相结合。本书在内容的安排上遵循学生的认知规律，采用简明易懂的文字叙述细致详尽的操作解析，使学生更快、更充分地掌握 AutoCAD 2014 的相关操作技能。

学生通过对本书的学习，能够了解 AutoCAD 建筑平面制图的规范和制作流程，掌握常用的图形绘制和编辑操作方法，图层和图块的应用技术，以及文字、尺寸注写的基本方法，同时具备模型和布局两种打印输出的基本技能。

本书由五个项目构成，每个项目由三个任务和一个项目实训组成，每个任务又由任务描述、任务分析、方法与步骤、相关知识与技能、拓展与提高、思考与练习这六部分组成。

本书适用于职业学校工业与民用建筑、建筑装饰等专业的教学使用，也可用于培训和自学。

本书由叶家敏和朱琳编写。项目一、项目三至项目五由叶家敏负责编写，项目二由朱琳负责编写。全书由叶家敏负责统稿。另外，博洛尼装饰工程公司陈乃文和统帅装饰集团陆海柳为本书的编写提供了所需的工程参考案例，并对本书的编写提出了宝贵的意见和建议，在此致以最衷心的谢意！下表为作者建议的课时安排表。

课时安排表

	项目一	项目二	项目三	项目四	项目五	共 计
课时数	14	12	10	14	14	64

由于编者水平有限，书中难免有疏漏和不妥之处，诚恳希望读者不吝指正。

编 者

2017 年 1 月

目 录 Contents

项目一　卫生间的绘制　1

　　任务一　淋浴房的绘制　1
　　任务二　台盆的绘制　15
　　任务三　马桶的绘制　27
　　项目实训一　洗衣机的绘制　39

项目二　客厅的绘制　43

　　任务一　电视柜的绘制　43
　　任务二　沙发的绘制　52
　　任务三　地毯的绘制　64
　　项目实训二　阳台的绘制　74

项目三　卧室的绘制　78

　　任务一　衣橱的绘制　79
　　任务二　床的绘制　89
　　任务三　文字的注写　97
　　项目实训三　餐厅的绘制　105

项目四　装饰平面图的绘制　109

　　任务一　新建墙体图的绘制　110
　　任务二　平面布置图的绘制　128
　　任务三　地面铺装图的打印　142
　　项目实训四　弱电布置图的绘制　156

项目五　装饰立面图的绘制　161

　　任务一　客厅立面图的绘制　162
　　任务二　立面图的布局打印　176
　　任务三　立面详图的绘制　191
　　项目实训五　主卧立面图的绘制　200

参考资料　208

项目一　卫生间的绘制

卫生间的结构一般比较紧凑，由洗脸池（台盆）、淋浴房（浴缸）和马桶等设施组成。随着个人生活品质的提高，人们对生活环境的要求也在提升。比如，由于条件限制，过去家里的卫生间都只是小小的一间且功能单一。但现在随着家居面积的大幅度扩大，加之人们观念的变化，卫生间也成为人们享受生活的场所，如图 1-0-1 所示。

本项目将通过三个任务来完成卫生间整体布局的绘制，如图 1-0-2 所示。

图 1-0-1　卫生间效果图

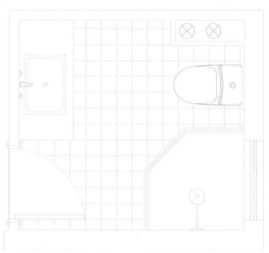

图 1-0-2　卫生间的整体布局图

 【项目目标】

- 能熟练绘制直线和圆等图形。
- 能熟练进行偏移、修剪和圆角等修改操作。
- 能熟练捕捉圆心位置。
- 能依样张正确估计图形大小。

任务一　淋浴房的绘制

 任务描述

随着人们对卫浴设施要求的逐渐提高，许多家庭都希望有一个独立的洗浴空间，但由于

图 1-1-1　淋浴房

卫生间空间有限，只能把洗浴设施与卫生洁具置于一室。淋浴房充分利用室内一角，用围栏将淋浴范围清晰地划分出来，形成了人们所希望拥有的一个相对独立的洗浴空间。

淋浴房（如图 1-1-1 所示）按功能可分为整体淋浴房和简易淋浴房；按款式可分为转角形淋浴房、一字形浴屏、圆弧形淋浴房等；按底盘的形状可分为方形、全圆形、扇形、钻石形淋浴房等；按门结构可分为移门、折叠门、平开门淋浴房等。

本任务通过绘制一张外形简单的淋浴房平面图，来学习直线、偏移、倒角等命令的操作方法。图 1-1-2 和图 1-1-3 为淋浴房的尺寸图和淋浴房的形状图。

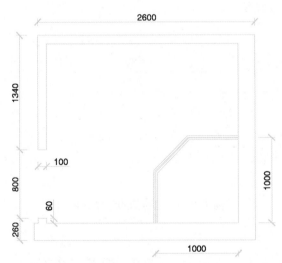

图 1-1-2　淋浴房的尺寸图

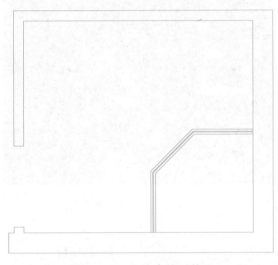

图 1-1-3　淋浴房的形状图

【任务分析】

　　本任务要求绘制一个外形简单的转角形淋浴房，为了使图纸更清晰，在图 1-1-3 中去除了淋浴房的有关尺寸。主要操作步骤如下：

　　（1）先用"直线"命令绘制卫生间的内墙线，用"偏移"方法得到卫生间的外墙线，通过"倒角"命令完成内外墙线的转角处理。

　　（2）绘制淋浴房的外框线，同样通过"偏移"的方法得到淋浴房的内墙线和钢化玻璃线，通过"倒角"命令完成淋浴房的转角处理。

方法与步骤

1. 新建文件并设置绘图环境

（1）执行"文件/新建"命令，或在"快速访问"工具栏中单击"新建"按钮，此时将打开"选择样板"对话框。在"选择样板"对话框中，可以在"名称"列表框中选中样板文件 acadiso.dwt，再单击"打开"按钮，创建新图形文件，如图 1-1-4 所示。

图 1-1-4　创建新图形文件

（2）将 AutoCAD 2014 的工作空间设置为"AutoCAD 经典"，如图 1-1-5 所示。

图 1-1-5　设置工作空间

（3）执行"格式/单位"命令，在打开的"图形单位"对话框中设置绘图时使用的长度和角度的类型及精度，并设置"用于缩放插入内容的单位"为"毫米"，如图 1-1-6 所示。（注：在作建筑制图时，建筑绘图精度一般设为"0"）

图 1-1-6　"图形单位"对话框

（4）执行"格式/图形界限"命令，设置绘图图限大小为10000×7000，如图1-1-7所示。

指定左下角点或 [开（ON）/关（OFF）] <0,0>： （回车）
指定右上角点 <420,297>： 10000,7000 （回车）

图1-1-7　设置绘图图限大小

（5）在命令行窗口处输入命令"ZOOM"，按回车键，再输入"a"，按回车键，完成整个图形的显示，如图1-1-8所示。

命令：ZOOM（回车）
指定窗口的角点，输入比例因子（nX 或 nXP），或者
[全部（A）/中心（C）/动态（D）/范围（E）/上一个（P）/
比例（S）/窗口（W）/对象（O）] < 实时 >： a　　　（回车）
正在重生成模型。

图1-1-8　设置图形显示

2. 绘制卫生间内墙线

（1）单击"绘图"工具栏上的"直线"工具，在屏幕左下方的任意一点单击鼠标左键，作为起点。将鼠标垂直下移，动态输入长度值"60"并按回车键，如图1-1-9所示。

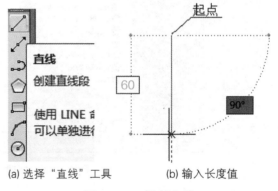

(a) 选择"直线"工具　　　　(b) 输入长度值

图1-1-9　绘制直线

（2）将鼠标水平右移，动态输入长度值"2300"并按回车键。再将鼠标垂直上移，动态输入长度值"2100"并按回车键。然后将鼠标水平左移，动态输入长度值"2300"并按回车键。再将鼠标垂直下移，动态输入长度值"1240"并按回车键，如图1-1-10所示。

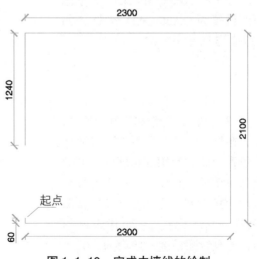

图1-1-10　完成内墙线的绘制

3. 绘制卫生间外墙线

（1）单击"修改"工具栏上的"偏移"工具，如图1-1-11所示。

图 1-1-11 选择"偏移"工具

（2）输入偏移距离"100"并按回车键，如图1-1-12（a）所示。先选中"直线1"，再在其外侧点击鼠标左键，完成"直线2"的绘制。重复执行此操作，绘制"直线3"和"直线4"，绘制完毕后按回车键，如图1-1-12（b）所示。

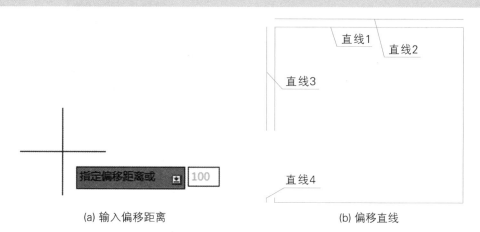

(a) 输入偏移距离

(b) 偏移直线

图 1-1-12 绘制厚 100 的墙

（3）重复执行"偏移"命令。输入偏移距离"200"并按回车键。先选中"直线1"，再在其外侧点击鼠标左键，完成"直线2"的绘制。重复执行此操作，绘制"直线3"，绘制完毕后按回车键，如图1-1-13所示。

图 1-1-13 绘制厚 200 的墙

（4）选择"直线"工具绘制线段 50 和线段 200。完成后如图 1-1-14 所示。

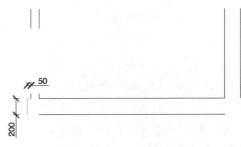

图 1-1-14　绘制直线

4. 完成墙线绘制

（1）单击"修改"工具栏上的"倒角"工具，如图 1-1-15（a）所示。确认"当前倒角距离 1 = 0，距离 2 = 0"，如图 1-1-15（b）所示。

(a)"倒角"工具

命令: _chamfer
（"修剪"模式）当前倒角距离 1 = 0，距离 2 = 0

CHAMFER 选择第一条直线或 [放弃(U)] 多段线

(b) 确认信息

图 1-1-15　选择"倒角"工具

（2）先点击"直线 1"，再点击"直线 2"，完成一处外墙倒角，如图 1-1-16 所示。

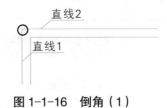

直线2
直线1

图 1-1-16　倒角（1）

（3）重复执行此操作，完成其余几处直线的倒角绘制（右上角的直线 2 和直线 3；右下角的直线 3 和直线 4；左下角的直线 4 和直线 5），如图 1-1-17 所示。

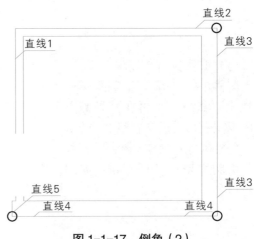

直线2
直线1
直线3
直线5
直线4
直线4
直线3

图 1-1-17　倒角（2）

（4）利用直线工具补绘两条直线（直线1、直线2），完成外墙的绘制，如图1-1-18所示。

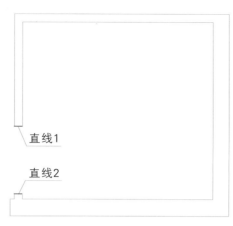

图1-1-18　完成外墙的绘制

5. 绘制淋浴房中心定位线

（1）单击"绘图"工具栏上的"直线"工具，从内墙线右下角A点向左绘制直线，长度为"1000"，再向上绘制直线，长度为"600"，如图1-1-19所示。

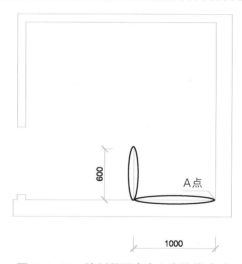

图1-1-19　绘制淋浴房中心定位线（1）

（2）绘制斜线，长度"566"，角度"45°"，如图1-1-20所示。
注：按"Tab"键切换长度和角度输入框。

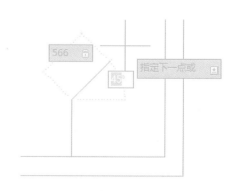

图1-1-20　绘制淋浴房中心定位线（2）

（3）向右绘制水平线，与右侧内墙线相交，按回车键完成淋浴房中心线的绘制，如图 1-1-21 所示。

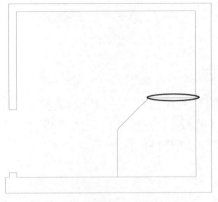

图 1-1-21　绘制淋浴房中心定位线（3）

6. 绘制淋浴房玻璃线和底框线

（1）单击"修改"工具栏上的"偏移"工具，输入偏移距离为"5"，选中中心定位线，向内侧和外侧进行偏移，按回车键确认。再次选择"偏移"工具，输入偏移距离为"25"，选中中心定位线，向内侧和外侧进行偏移并按回车键确认，完成后如图 1-1-22 所示。

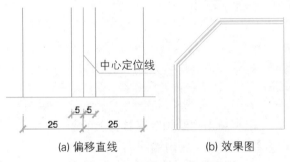

(a) 偏移直线　　　　　(b) 效果图

图 1-1-22　绘制玻璃线和底框线

（2）单击"修改"工具栏上的"删除"工具，选中三条中心定位线，按回车键，删除中心定位线，如图 1-1-23 所示。

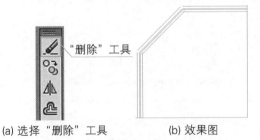

(a) 选择"删除"工具　　　　(b) 效果图

图 1-1-23　删除中心定位线

（3）单击"修改"工具栏上的"倒角"工具，确认"当前倒角距离 1 = 0，距离 2 = 0"，完成框线和玻璃线的倒角，效果如图 1-1-24 所示。

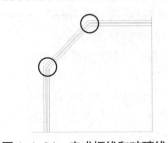

图 1-1-24　完成框线和玻璃线的倒角

（4）最后完成的图形如图1-1-25所示。执行"文件/保存"命令，将文件命名为"卫生间-淋浴房.dwg"，保存文件。

图 1-1-25　绘制完成图

相关知识与技能

1. 界面介绍

AutoCAD 2014 的工作空间是菜单、工具栏、选项板和功能区面板的集合。其中，快速访问工具栏包括新建、打开、保存、另存为、打印、放弃、重做命令和工作空间控件。在工作空间控件和工作空间工具栏中，用户可以选择"草图与注释"、"三维基础"、"三维建模"和"AutoCAD 经典"四种 AutoCAD 2014 的界面显示模式。

本书选用"AutoCAD 经典"界面显示模式，如图 1-1-26 所示。

图 1-1-26　中文版 AutoCAD 2014 操作界面

2. 数据的输入方法

在 AutoCAD 2014 中，数据的输入方法通常有三种：鼠标拾取法、命令窗口输入法和动态输入法。动态输入法的界面如图 1-1-27 所示。

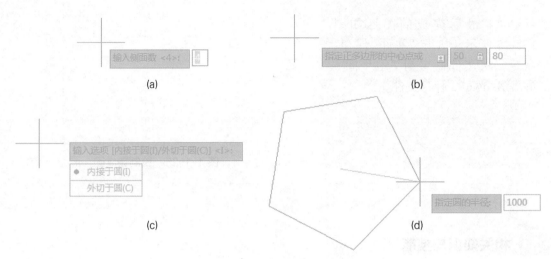

图 1-1-27　动态输入法界面图

3. 图形界限的含义

AutoCAD 2014 中的图形界限是无限大的，而限制图形界限同手工绘图时选择合适的图纸具有相同的性质。例如，可以将图形界限设置为 A3 纸的大小（420 mm×297 mm）。

图形界限大小所确定的区域是如图 1-1-28 所示的可见栅格指示的区域，也是执行"视图 / 缩放 / 全部"命令时，决定在屏幕显示的绘图区域显示图形界限的一个参数。

图形界限大小设置完成后，必须用"ZOOM"命令下的"ALL"命令或者执行"视图 / 重生成"命令，才能以全屏的绘图区域显示图形界限。

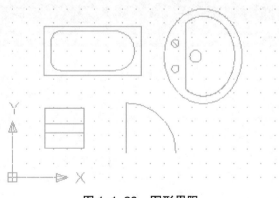

图 1-1-28　图形界限

4. 绘制直线

直线是绘图工具中最常用、最简单的一种图形对象，只要指定了起点和终点即可绘制一条直线。在 AutoCAD 2014 中，可以用二维坐标（x, y）或三维坐标（x, y, z）来指定端点。通过执行"绘图 / 直线"命令，或在"绘图"工具栏中单击"直线"按钮便可以绘制直线。

例1 绘制水平直线和垂直直线，如图 1-1-29 所示。

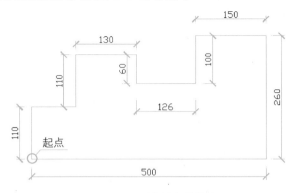

图 1-1-29　绘制直线线段

分析：以左下角点为起点，按逆时针方向绘制图形，具体操作步骤如下：

步骤	说　　　　明	输　入　参　数
1	选择"绘图"工具栏中的"直线"工具，或在命令行输入"Line"命令，指定起点：在屏幕左下角单击鼠标左键，或直接输入起点坐标	
2	鼠标水平右移，输入水平距离	500
3	鼠标垂直上移，输入垂直距离	260
4	鼠标水平左移，输入水平距离	150
5	鼠标垂直下移，输入垂直距离	100
6	鼠标水平左移，输入水平距离	126
7	鼠标垂直上移，输入垂直距离	60
8	鼠标水平左移，输入水平距离	130
9	鼠标垂直下移，输入垂直距离	110
10	利用对象跟踪捕捉绘图，从起点垂直向上绘制一条距离为 110 的引线，再将鼠标从当前点水平左移，距离为 94，两线垂直相交，如图 1-1-30 所示	图 1-1-30　两线垂直相交
11	输入"C"键，将图形封闭；也可以通过捕捉起点再单击鼠标左键来完成操作	C

试一试：请以右上角点为起点，按顺时针方向绘制如图 1-1-29 所示的图形。

例2 绘制斜线，尺寸及效果如图 1-1-31 所示。（本图的尺寸标注箭头为实心闭合式，请体会与图 1-1-29 的建筑标记的区别）

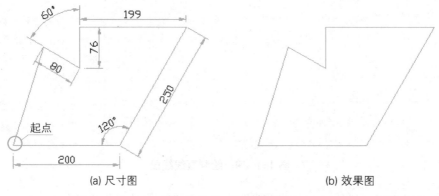

(a) 尺寸图　　　　　　　　　　　(b) 效果图

图 1-1-31　绘制斜线

分析：以左下角点为起点，按逆时针方向绘制图形，具体操作步骤如下：

步骤	说　　明	输　入　参　数
1	选择"绘图"工具栏中的"直线"工具，或在命令行输入"Line"命令，指定起点：在屏幕左下角单击鼠标左键，或直接输入起点坐标	
2	鼠标水平右移，输入水平距离	200
3	鼠标向右上方移动，输入长度 250；再单击 Tab 键，输入角度 60，如图 1-1-32 所示	**图 1-1-32　绘制斜线（1）**
4	鼠标水平左移，输入水平距离	199
5	鼠标垂直下移，输入垂直距离	76
6	鼠标向左上方移动，输入长度 80；再单击 Tab 键，输入角度 150，如图 1-1-33 所示	**图 1-1-33　绘制斜线（2）**
7	输入"C"键，将图形封闭；也可以通过捕捉起点再单击鼠标左键来完成操作	C

试一试：请以右上角点为起点，按顺时针方向绘制如图 1-1-31 所示的图形。

5. 偏移对象

在 AutoCAD 2014 中，可以使用"偏移"命令对指定的直线作平行偏移复制，或对圆弧、圆等对象作同心偏移复制。在实际应用中，常利用"偏移"命令的特性创建平行线或等距离分布图形。

在默认情况下，需要先指定偏移距离，再选择要偏移复制的对象，然后指定偏移方向，最后复制出对象。

6. 倒角命令

在 AutoCAD 2014 中，通过执行"倒角"命令可以修改对象，使其以平角相接。执行"修改 / 倒角"命令，或在"修改"工具栏中单击"倒角"按钮，即可为对象绘制倒角。

倒角距离是指每个对象与倒角线相接或与其他对象相交而进行修剪或延伸的长度。如果两个倒角距离都为 0，通过倒角操作将修剪或延伸这两个对象直至它们相交，但不创建倒角线。如果倒角距离不为 0，可以在选择对象时按住 Shift 键，用 0 值替代当前的倒角距离。如图 1-1-34 所示。

(a) 原对象   (b) 倒角距离为 0 时   (c) 倒角距离不为 0 时

图 1-1-34　倒角对象

如果要创建倒角线，可先设定第一条直线的倒角距离，再设定第二条直线的倒角距离，即能完成倒角，如图 1-1-35 所示。

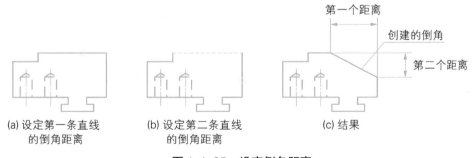

(a) 设定第一条直线　　　(b) 设定第二条直线　　　(c) 结果
　　的倒角距离　　　　　　　的倒角距离

图 1-1-35　设定倒角距离

拓展与提高

1. 图形文件的保存

由于计算机在运行过程中会因硬件问题、电源故障或电压波动、用户操作不当或软件问题导致图形文件出现错误，因此经常保存图形文件可以确保在系统发生故障时减少数据的丢失，将损失降到最低。

AutoCAD 2014 图形文件的扩展名为".dwg"，如果需要将图形保存为图形格式（DWG）

或图形交换格式（DXF）的早期版本或保存为样板文件，可从"图形另存为"对话框的"文件类型"中选择格式。

此外，每次进行保存操作时，图形都会自动保存为一个与主文件名一致且扩展名为".bak"的文件。该备份文件与图形文件位于同一个文件夹中。当图形文件出现问题时，用户可以通过图形备份文件来恢复图形。

2. 命令的输入与执行

在命令行中输入命令时，将显示一组选项或一个对话框。例如，在命令提示下输入"circle"时，将显示如图 1-1-36 所示的提示：

指定圆的圆心或 [三点（3P）/ 两点（2P）/ 相切、相切、半径（T）]:

图 1-1-36　输入"circle"命令时的提示

可以通过输入 X,Y 坐标值或通过使用定点设备在屏幕上单击点来指定圆心。要选择不同的选项，可输入该选项后的字母。例如，要选择三点选项（3P），可输入"3p"。

执行命令时，可按空格键或回车键，或在输入命令名或响应提示后在定点设备上单击鼠标右键。如果要重复刚使用过的命令，可以按回车键或空格键。如要取消进行中的命令，可按 Esc 键。

另外，有些命令具有缩写的名称，称为命令别名。例如，除了通过输入"line"来启动LINE 命令之外，还可以输入"l"，这个 l 就是直线命令的命令别名。

3. 坐标的使用

在 AutoCAD 2014 中，虽然建议使用对象捕捉方式来精确地选取并绘制所需要的图形，但还有少数情况需要以手动的方式输入精确的坐标点。点的坐标可以使用绝对直角坐标、绝对极坐标、相对直角坐标和相对极坐标四种方法表示。它们的特点如下：

（1）绝对直角坐标：是从点（0，0）或（0，0，0）出发的位移，可以使用分数、小数或科学记数等形式表示点的 X 轴、Y 轴、Z 轴坐标值，坐标间用逗号隔开，如：点（8.3，5.8）和（3.0，5.2，8.8）等。

（2）绝对极坐标：是从点（0，0）或（0，0，0）出发的位移，但给定的是距离和角度，其中距离和角度用"<"分开，且规定 X 轴正向为 0°，Y 轴正向为 90°，如：点（4.27<60）、（34<30）等。

（3）相对直角坐标和相对极坐标：相对坐标是指相对于某一点的 X 轴和 Y 轴的位移，或距离和角度。它的表示方法是在绝对坐标表达方式前加上"@"号，如：（@–13，8）和（@11<24）。其中，相对极坐标中的角度是新点和上一点连线与 X 轴的夹角。

思考与练习

用直线、偏移和倒角工具绘制挂画，外框尺寸如图 1-1-37 所示，框内未标尺寸请按样图估算。绘制三角形时请仔细观察斜线长度和角度的变化，理解 AutoCAD 2014 软件表示角度大小的显示信息。

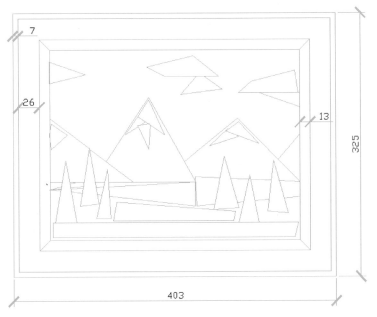

图 1-1-37　绘制挂画

任务二　台盆的绘制

任务描述

　　台盆是卫生间内用于洗脸、洗手的瓷盆。台盆分为台上盆和台下盆两种。台盆位于台面上的叫做台上盆，台盆完全处于台面之下的叫做台下盆。台上盆的安装比较简单，只需按照安装图纸上标注的尺寸在台面预定位置开孔后，将盆放置于孔中，用玻璃胶将缝隙填实即可。使用台上盆时，水不会顺缝隙流下，所以在家庭中使用得比较多。此外，台上盆可以在造型上做出比较多的变化，在风格的选择上余地也较大，如图 1-2-1 所示。

　　本任务通过绘制一张卫生间台上盆的平面图，来学习圆、圆角、修剪等命令的操作方法。台盆上的水龙头和开关手柄有部分隐藏在了墙体内，如图 1-2-2 所示。

图 1-2-1　台上盆

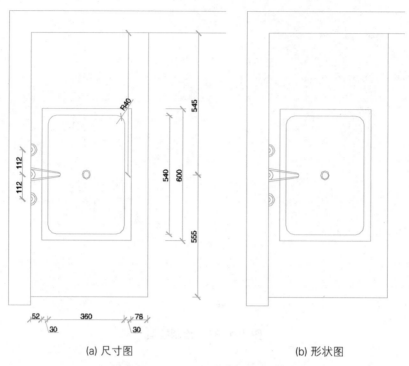

(a) 尺寸图   (b) 形状图

图 1-2-2　台上盆的尺寸图和形状图

【任务分析】

　　本任务要求绘制一个台上盆，图 1-2-2 为台上盆的尺寸图和形状图，水龙头的尺寸在绘图步骤中提供。主要操作步骤如下：

　　（1）先用"直线"命令绘制台盆定位水平线段和垂直线段，用"偏移"方法得到其余水平线段、垂直线段和圆心位置，用"圆角"命令完成台盆转角处理。

　　（2）捕捉圆心位置，绘制大小不同的多个圆，捕捉切点和交点，绘制四条表示水龙头出水管的斜线。

　　（3）使用"修剪"命令剪掉不要的线条，删除绘图中用到的辅助线条，完成台上盆的制作。

方法与步骤

　　1. 绘制水平线段和垂直线段

　　（1）打开任务一中绘制的"卫生间－淋浴房.dwg"文件。单击"绘图"工具栏上的"直线"工具，从内墙的左上角点垂直向下引线，长度值为"645"。再将鼠标水平右移，动态输入长度值"550"并按回车键，完成辅助中心线的绘制，如图 1-2-3 所示。

(a) 向下引线　　　　(b) 输入长度

图 1-2-3　绘制辅助中心线

（2）单击"修改"工具栏上的"偏移"工具，输入偏移距离为"270"并按回车键。选中"辅助中心线"，在其上方单击鼠标左键，再次选中"辅助中心线"，在其下方单击鼠标左键并按回车键，绘制出"直线 1"和"直线 2"。运用同样的方法，偏移出另外 3 条水平线，偏移距离分别为"300"和"555"，如图 1-2-4 所示。

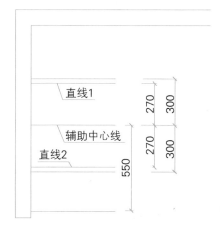

图 1-2-4　利用"偏移"工具绘制水平直线

（3）单击"绘图"工具栏上的"直线"工具，起点捕捉下方"端点 a"并按鼠标左键，终点捕捉上方"交点 b"并按鼠标左键，再按回车键，绘制出右侧线段，如图 1-2-5 所示。

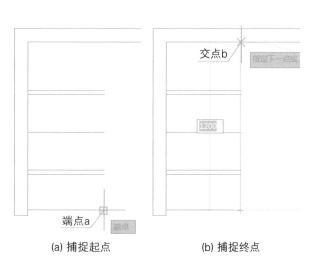

(a) 捕捉起点　　　　(b) 捕捉终点

图 1-2-5　绘制右侧线段

（4）单击"修改"工具栏上的"偏移"工具，输入偏移距离"78"并按回车键。选中右侧的"直线1"，在其左侧单击并按回车键，完成"直线2"的绘制。用相同的方法，按图1-2-6所示的距离尺寸，完成"直线3"至"直线6"的偏移绘制。

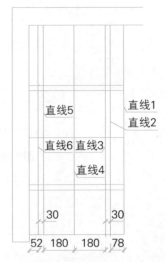

图1-2-6 利用"偏移"工具绘制垂直直线

2. 绘制台盆落水孔

（1）单击"绘图"工具栏上的"圆"工具，如图1-2-7（a）所示。再捕捉图1-2-7（b）所示的"点a"作为圆心，动态输入半径值为"15"，按回车键确认。

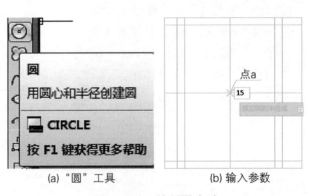

(a)"圆"工具　　　　　　(b)输入参数

图1-2-7 绘制圆（1）

（2）再次按下回车键，重复执行圆命令，捕捉"点a"为圆心，动态输入半径值"20"，完成台盆落水孔的制作，如图1-2-8所示。

图1-2-8 绘制圆（2）

3. 台盆面处理

（1）单击"修改"工具栏上的"圆角"工具，输入"r"并按回车键，输入圆角半径值"40"并按回车键，先单击"直线1"，再单击"直线2"，完成圆弧过渡制作，如图1-2-9所示。

提示：直线1和2的单击顺序可以颠倒；单击的位置会影响圆角效果。

(a) 选择"圆角"工具　　(b) 单击两边的直线

图 1-2-9　绘制圆角（1）

（2）运用相同的方法，完成台盆另外三个角的圆角处理，如图1-2-10所示。

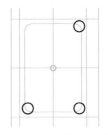

图 1-2-10　绘制圆角（2）

（3）单击"修改"工具栏上的"倒角"工具，确认"当前倒角距离1＝0，距离2＝0"，完成台盆外侧线条的倒角处理，效果如图1-2-11所示。

提示：也可以使用"圆角"命令，设置半径为"0"即可。

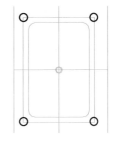

图 1-2-11　台盘外侧线条倒角处理

4. 绘制水龙头

（1）将辅助水平线上下各偏移"112"，作为水龙头上水孔定位轴线，如图1-2-12所示。

图 1-2-12　绘制上水孔定位轴线

（2）单击"绘图"工具栏上的"圆"工具，从刚绘制的"定位轴线1"的左端点向左引线，动态输入距离"1"并按回车键，以此点作为圆心，如图1-2-13所示。

图1-2-13　设置圆心

（3）输入半径值"10"并按回车键，如图1-2-14所示。

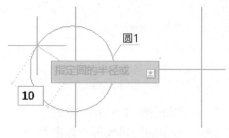

图1-2-14　绘制圆1

（4）单击"绘图"工具栏上的"圆"工具，捕捉"圆1"的圆心，再绘制两个同心圆，半径分别为"22"和"29"，如图1-2-15所示。

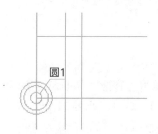

图1-2-15　绘制两个同心圆

（5）按照相同的方法，完成"定位轴线2"上三个同心圆的绘制，半径分别为"10"、"22"和"29"。再完成中间两个同心圆的绘制，半径分别为"10"和"22"，如图1-2-16所示。

提示：下方的三个圆与上方的三个圆对称，通过后面的学习，可以采用镜像命令提高绘图效率。

图1-2-16　再绘制两组圆

（6）单击"绘图"工具栏上的"圆"工具，从"点 a"开始向右引线，动态输入距离"48"，按回车键，确定圆心位置，动态输入半径值"11"，绘制出"圆 1"。单击"绘图"工具栏上的"直线"工具，起点为"点 b"，从"点 b"垂直向上引线"30"，终点捕捉圆 1 的切点，按回车键确认，如图 1-2-17 所示。

提示：捕捉切点的方法为点击"对象捕捉"工具栏中的"捕捉到切点"按钮，再点击"圆 1"的切点位置。

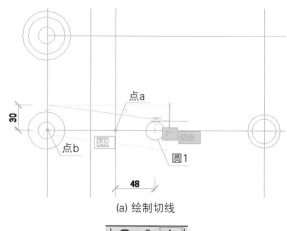

(a) 绘制切线

(b) "捕捉到切点"工具

图 1-2-17　绘制斜线（1）

（7）单击"绘图"工具栏上的"直线"工具，绘制一条斜线，起点捕捉圆 2 的切点，终点位置如图 1-2-18 所示，确保与圆 1 相交。

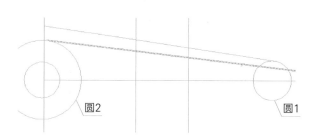

图 1-2-18　绘制斜线（2）

（8）运用相同的方法完成下方另外两条斜线的绘制，如图 1-2-19 所示。

提示：下方的两条斜线与上方对称，通过后面的学习，可以采用"镜像"命令提高绘图效率。

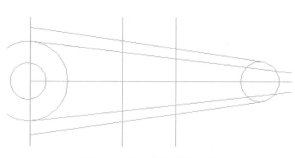

图 1-2-19　绘制斜线（3）

（9）单击"修改"工具栏上的"修剪"工具，按回车键，单击要修剪掉的部分（哪里不要点哪里），按回车键确认，如图1-2-20所示。

提示：由于修剪次序的不同，修剪完后可能会有个别差异。

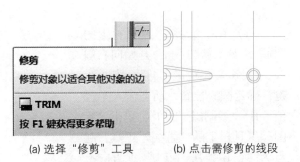

(a) 选择"修剪"工具　　(b) 点击需修剪的线段

图 1-2-20　修剪不需要的线段

（10）单击"修改"工具栏上的"删除"工具，删除多余的线条，完成台上盆的绘制，如图1-2-21所示。最后保存文件，文件名为"卫生间–台盆.dwg"。

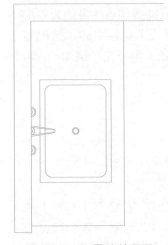

图 1-2-21　最终效果图

相关知识与技能

1. 圆的绘制

执行"绘图/圆"命令，或单击"绘图"工具栏中的"圆"按钮即可绘制圆。在AutoCAD 2014 中，可以运用六种方法绘制圆，如图1-2-22所示。

2. 圆角命令

在 AutoCAD 2014 中，可以通过执行"圆角"命令修改对象并使其以圆角相接。执行"修改/圆角"命令，或在"修改"工具栏中单击"圆角"按钮，即可对对象进行用圆弧修圆角的操作。

在命令行提示中，选择"半径（R）"选项，即可设置圆角的半径大小。

3. 修剪对象

在 AutoCAD 2014 中，可以使用"修剪"命令修剪对象。执行"修改/修剪"命令，或在"修改"工具栏中单击"修剪"按钮，可先以某一对象为剪切边，再修剪其他对象。

在 AutoCAD 2014 中，可以作为剪切边的对象有直线、圆弧、圆、椭圆或椭圆弧、多段线、样条曲线、构造线、射线以及文字等，剪切边也可以同时作为被剪边。在默认情况下，

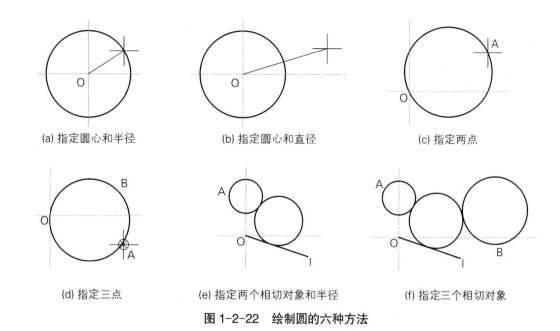

(a) 指定圆心和半径　　　　　(b) 指定圆心和直径　　　　　(c) 指定两点

(d) 指定三点　　　　(e) 指定两个相切对象和半径　　　　(f) 指定三个相切对象

图 1-2-22　绘制圆的六种方法

选择要修剪的对象（即被剪边），系统以剪切边为界，将被剪切对象上位于拾取点一侧的部分剪切掉。如果按下 Shift 键，同时选择与修剪边不相交的对象，修剪边将变为延伸边界，选择的对象将延伸至修剪边界并与之相交。如果在选择剪切边时直接按回车键，系统将以所有对象为剪切边。

4. 对象捕捉功能

在绘图的过程中，经常要指定一些对象上已有的点，如：端点、圆心和两个对象的交点等。在 AutoCAD 2014 中，可以通过"对象捕捉"工具栏和"草图设置"对话框等方式调用对象捕捉功能，迅速、准确地捕捉到某些特殊点，从而精确地绘制图形，如图 1-2-23 所示。

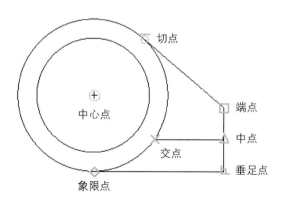

图 1-2-23　对象捕捉的特殊点

（1）"对象捕捉"工具栏：在绘图过程中，当要求指定点时，单击"对象捕捉"工具栏中相应的特征点按钮，再把光标移到要捕捉对象上的特征点附近，即可捕捉到对象相应的特征点，如图 1-2-24 所示。

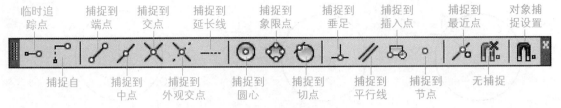

图 1-2-24 "对象捕捉"工具栏

（2）使用自动捕捉功能：自动捕捉就是当把光标放在一个对象上时，系统自动捕捉到对象上所有符合条件的几何特征点，并显示相应的标记。如果把光标放在捕捉点上且多停留一会儿，系统会显示捕捉的提示。这样，在选点之前就可以预览和确认捕捉点。

要打开对象捕捉模式，可执行"工具 / 草图设置"命令，打开"草图设置"对话框，选择"对象捕捉"选项卡，选中"启用对象捕捉"复选框，然后在"对象捕捉模式"选项组中选中相应的复选框，如图 1-2-25 所示。

（3）对象捕捉快捷菜单：当要求指定点时，可以按下 Shift 键或者 Ctrl 键，右击打开对象捕捉快捷菜单。选择需要的子命令，再把光标移到要捕捉对象的特征点附近，即可捕捉到相应的对象特征点，如图 1-2-26 所示。

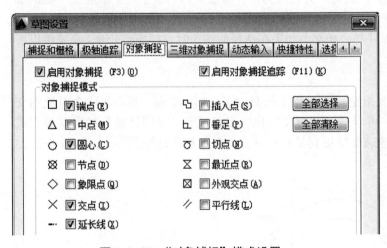

图 1-2-25 "对象捕捉"模式设置

图 1-2-26 对象捕捉快捷菜单

拓展与提高

1. 捕捉和栅格

在 AutoCAD 2014 中，使用"捕捉"和"栅格"功能，可以对点进行精确定位，提高绘图效率。

"捕捉"功能用于设定鼠标光标移动的间距。"栅格"功能可显示出一些标定位置的小点，如同"坐标纸"一样，可以提供直观的距离和位置参照。要打开或关闭"捕捉"和"栅格"功能，可以在软件下方状态栏中，单击"捕捉"和"栅格"按钮。利用"草图设置"对话框中的"捕捉和栅格"选项卡，可以设置捕捉和栅格的相关参数，如图 1-2-27 所示。

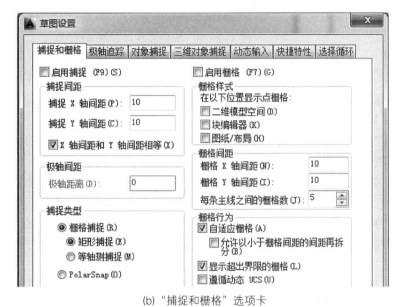

(a) "捕捉"和 "栅格"按钮　　　　　　(b) "捕捉和栅格"选项卡

图 1-2-27　捕捉和栅格

2. 正交模式

AuotCAD 2014 提供的正交模式也可以用来精确定位点，它可将定点设备的输入限制为水平或垂直。在正交模式下，可以方便地绘出与当前 X 轴或 Y 轴平行的线段。在状态栏中单击"正交"按钮可以打开或关闭正交模式，如图 1-2-28 所示。

图 1-2-28　正交模式

3. 自动追踪

在 AutoCAD 2014 中，启用自动追踪功能后，可按指定角度绘制对象，或者绘制与其他对象有特定关系的对象。自动追踪功能分为极轴追踪和对象捕捉两种，是非常有用的绘图辅助工具。

（1）极轴追踪与对象捕捉：极轴追踪是按事先给定的角度增量来追踪特征点。而对象捕捉则按与对象的某种特定关系来追踪，这种特定的关系确定了一个未知角度。也就是说，如

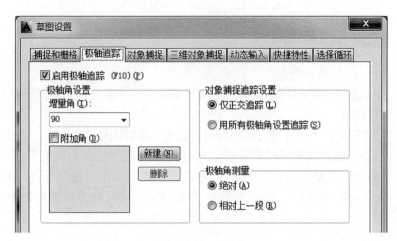

(a) "极轴追踪"和"对象
捕捉"按钮

(b) "极轴追踪"选项卡

图 1-2-29　极轴追踪与对象捕捉

果事先知道要追踪的方向（角度），则使用极轴追踪；如果事先不知道具体的追踪方向（角度），但知道与其他对象的某种关系（如相交），则用对象捕捉。极轴追踪和对象捕捉可以同时使用，如图 1-2-29 所示。

（2）"临时追踪点"和"捕捉自"功能：在"对象捕捉"工具栏中，还有两个非常有用的对象捕捉工具，即"临时追踪点"和"捕捉自"工具。

①"临时追踪点"工具：可在一次操作中创建多条追踪线，并根据这些追踪线确定所要定位的点。

②"捕捉自"工具：在使用相对坐标指定下一个应用点时，"捕捉自"工具可以提示输入基点，并将该点作为临时参照点，这与通过输入前缀 @，使用最后一个点作为参照点的操作类似。它不是对象捕捉模式，但经常与对象捕捉一起使用。

（3）使用自动追踪功能绘图：使用自动追踪功能可以快速而且精确地定位点，这在很大程度上提高了绘图效率。在 AutoCAD 2014 中，要设置自动追踪功能，可执行"工具/选项"命令，打开"选项"对话框，在"草图"选项卡的"自动追踪设置"选项组中进行设置，其各选项功能如下：

①"显示极轴追踪矢量"复选框：设置是否显示极轴追踪的矢量数据。

②"显示全屏追踪矢量"复选框：设置是否显示全屏追踪的矢量数据。

③"显示自动追踪工具栏提示"复选框：设置在追踪特征点时，是否显示工具栏上的相应按钮的提示文字。

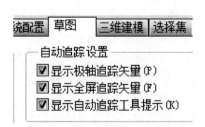

图 1-2-30　自动追踪设置

1. 根据图 1-2-31（a）所示的尺寸，用直线、偏移和修剪命令绘制图 1-2-31（b）所示的中国结图形。

2. 根据图 1-2-32（a）所示的尺寸，用直线、偏移、倒角和圆角命令绘制图 1-2-32（b）所示的浴缸图形。

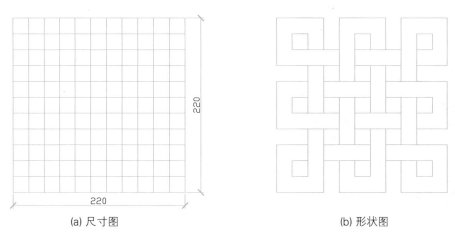

(a) 尺寸图   (b) 形状图

图 1-2-31　绘制中国结图形

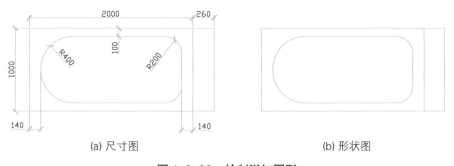

(a) 尺寸图   (b) 形状图

图 1-2-32　绘制浴缸图形

任务三　马桶的绘制

任务描述

马桶一般可分为分体马桶和连体马桶两种。一般情况下，分体马桶所占空间比连体马桶要大些。另外，分体马桶的外形显得传统些，价格也相对便宜，而连体马桶则显得新颖高档些，价格也相对较高，如图 1-3-1 所示。

本任务通过绘制一张连体马桶平面图，来学习椭圆、镜像、复制等命令的操作方法，如图 1-3-2 所示。

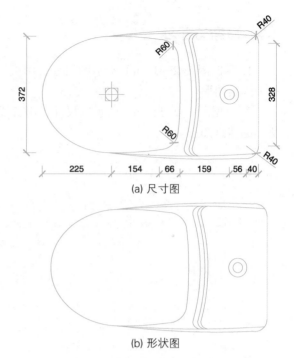

(a) 尺寸图

(b) 形状图

图 1-3-1　连体马桶

图 1-3-2　连体马桶的尺寸图和形状图

 任务分析

本任务要求绘制一个外形复杂的连体马桶，图 1-3-2 去除了马桶的部分细节尺寸，在绘图的方法与步骤中会有相应尺寸的说明。主要操作步骤如下：

（1）绘制卫生间的落水管，再绘制连体马桶的水平定位线。

（2）用"直线"和"偏移"工具标记马桶中椭圆、圆的圆心和端点位置。

（3）绘制过渡圆弧，利用"偏移"、"修剪"、"复制"等工具完成连体马桶的绘制。

方法与步骤

1. 绘制落水管

（1）打开任务二中绘制的"卫生间－台盆 .dwg"文件，将卫生间上方的内墙线向下偏移，偏移的距离为"210"，选中刚偏移的水平直线，再向下偏移"40"。将卫生间右侧的内墙线向左偏移，偏移的距离为"710"，选中刚偏移的垂直直线，再向左偏移"40"，如图 1-3-3 所示。

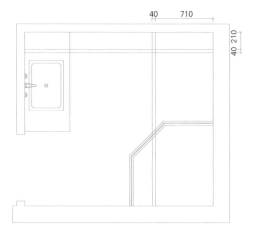

图 1-3-3　偏移直线

（2）单击"修改"工具栏上的"倒角"工具，确认"当前倒角距离 1 ＝ 0，距离 2 ＝ 0"，完成落水管外侧线条的倒角处理，效果如图 1-3-4 所示。

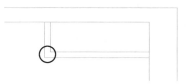

图 1-3-4　倒角处理外侧线条

（3）单击"修剪"命令，直接按回车键（选择所有对象为剪切边），将落水管的两条线段之间的一段短线修剪掉，如图 1-3-5 所示。

图 1-3-5　修剪落水管线条

（4）按"捕捉到中点"按钮，再选择"绘图"工具栏上的"直线"工具，绘制一条水平中线。再将落水管左侧内框线向右偏移，偏移距离分别为"124"和"275"，如图 1-3-6 所示。

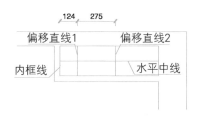

图 1-3-6　绘制参考线

（5）以"点1"、"点2"为圆心绘制两个圆，半径值为"75"。再绘制四条斜线，要求通过圆心（目视），长度不限，如图1-3-7所示。

图1-3-7　绘制圆和斜线

（6）修剪刚绘制的斜线，并删除一条水平线和两条垂直线，完成下水管的绘制，如图1-3-8所示。

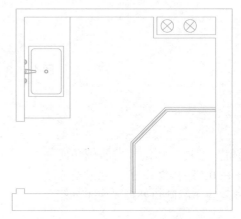

图1-3-8　下水管效果图

2. 绘制马桶的定位线条

（1）绘制水平线，起点与内墙右上角的距离为"396"，水平线的长度值为"720"，如图1-3-9所示。

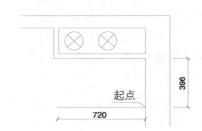

图1-3-9　绘制水平线

（2）将水平线进行上下偏移，偏移距离分别为"116"、"164"、"172"和"186"，如图1-3-10所示。

图1-3-10　偏移水平线

（3）将卫生间右边的内墙线垂直向左偏移，偏移距离分别为"20"、"40"、"56"、"122"和"257"，如图1-3-11所示。

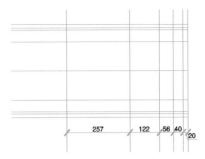

图1-3-11　偏移垂直线

3. 绘制椭圆和圆

（1）单击"绘图"工具栏上的"椭圆"工具，如图1-3-12所示。

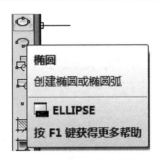

图1-3-12　选择"椭圆"工具

（2）输入"c"并按回车键，选择椭圆的中心点，再分别选择两个端点，完成椭圆的绘制。

椭圆的中心点和两个端点如图1-3-13所示。

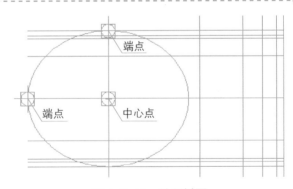

图1-3-13　绘制椭圆

（3）绘制六个圆形，半径分别为"16"、"30"、"24"和"40"，如图1-3-14所示。

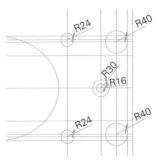

图1-3-14　绘制六个圆形

4. 绘制圆弧

（1）删除多余的水平参考线。单击"绘图"工具栏上的"圆弧"工具，指定圆弧的起点为下方圆的切点、第二点为两条直线的交点，端点为上方圆的切点，如图 1-3-15 所示。

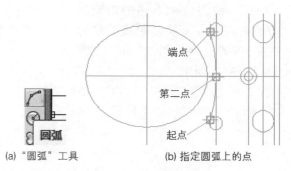

(a)"圆弧"工具　　　　　(b) 指定圆弧上的点

图 1-3-15　绘制圆弧（1）

（2）执行"绘图／圆弧／起点、端点、半径"命令，通过切点捕捉起点和端点，然后输入半径值"2580"，完成马桶上方外延大圆弧的绘制，如图 1-3-16 所示。

提示：绘制圆弧一般需要遵照逆时针的规则，图中的起点和端点次序不要颠倒。

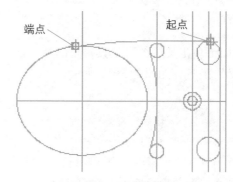

图 1-3-16　绘制圆弧（2）

（3）单击"修改"工具栏上的"镜像"工具，选中刚画的圆弧并按回车键，如图 1-3-17 所示。

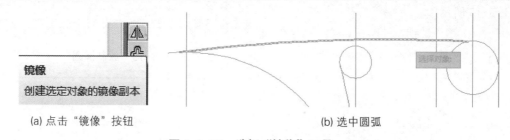

(a) 点击"镜像"按钮　　　　　　　　　(b) 选中圆弧

图 1-3-17　选择"镜像"工具

（4）指定镜像线的第 1 点（选择水平线的左端点），再指定镜像线的第 2 点（选择水平线的右端点），如图 1-3-18（a）所示。确认下方命令为"N"（不删除源对象），如图 1-3-18（b）所示。按下回车键，完成镜像操作。

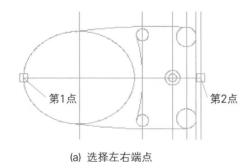

第1点　　　　　　　　　　第2点

要删除源对象吗？[是（Y）/否
（N）] <N>:

（a）选择左右端点　　　　　　　　（b）确认命令

图 1-3-18　执行"镜像"操作（1）

（5）执行"绘图 / 圆弧 / 三点"命令，即通过三点捕捉绘制出一条长圆弧。鼠标放在圆心上（不要按键），向右移动至起点，并点击鼠标左键，第二点为小圆的象限点，端点为左侧点，如图 1-3-19 所示。

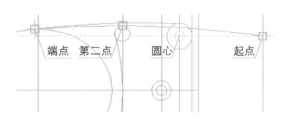

端点　第二点　　　圆心　　　　　起点

图 1-3-19　绘制圆弧（3）

（6）按照相同的操作方法，对刚画的长圆弧进行镜像操作，镜像线的两点选择同前，如图 1-3-20 所示。

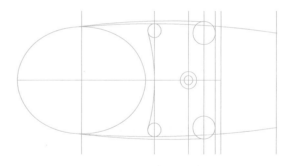

图 1-3-20　执行"镜像"操作（2）

5. 修剪与偏移

（1）单击"修改"工具栏上的"修剪"工具并按回车键，保留椭圆的中心线，删除多余线条，完成效果如图 1-3-21 所示。

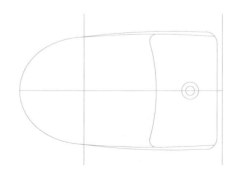

图 1-3-21　修剪多余线条

（2）将椭圆的垂直中心线向右偏移两次，偏移距离为"154"和"66"。将椭圆的水平中心线进行上下偏移，偏移距离均为"116"。如图1-3-22所示。

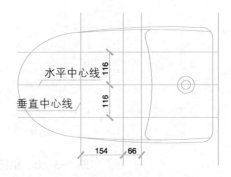

图1-3-22　偏移垂直中心线和水平中心线

（3）绘制两个圆，半径值为"60"，如图1-3-23所示。

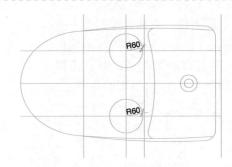

图1-3-23　绘制两个圆形

（4）执行"绘图/圆弧/三点"命令绘制圆弧。通过切点捕捉起点和端点，第2点为两条直线的交点，如图1-3-24所示。

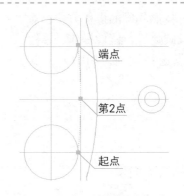

图1-3-24　绘制圆弧（4）

（5）执行"绘图/圆弧/起点、端点、半径"命令绘制圆弧。起点为椭圆下方与垂直中心线的交点，端点捕捉右侧大圆的切点，半径值为"1100"，如图1-3-25所示。

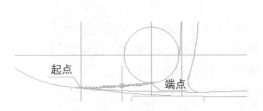

图1-3-25　绘制圆弧（5）

（6）对刚画的长圆弧进行镜像操作，镜像线的两点选择同前，如图1-3-26所示。

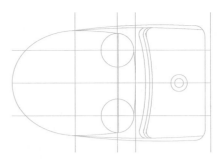

图1-3-26　执行"镜像"操作（3）

（7）将长圆弧线向右偏移两次，偏移距离分别为"15"和"10"。单击"修改"工具栏上的"复制"工具，选择上下两条短圆弧并按回车键，再选择基点，在水平极轴提示线的引导下向右复制两次，效果如图1-3-27所示。

提示：上下两条短圆弧不能用偏移方法进行复制。

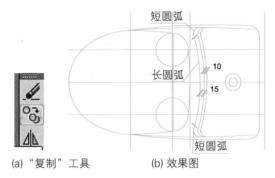

（a）"复制"工具　　　（b）效果图

图1-3-27　偏移、复制圆弧

（8）单击"修改"工具栏上的"修剪"工具并直接按回车键，删除多余的线条，完成效果如图1-3-28所示。

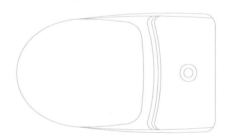

图1-3-28　删除多余的线条

（9）通过项目一中三个任务的绘制，我们基本完成了卫生间平面图的绘制，整体效果如图1-3-29所示。最后，保存文件并将其命名为"卫生间－马桶.dwg"。

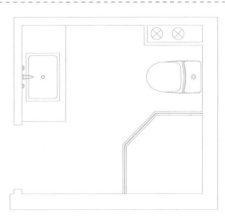

图1-3-29　卫生间平面图

1. 椭圆的绘制

执行"绘图 / 椭圆"命令，或单击"绘图"工具栏中的"椭圆"按钮，即可绘制椭圆。具体有两种操作方法：（1）执行"绘图 / 椭圆 / 中心点"命令，可指定椭圆中心、一个轴的端点（主轴）以及另一个轴的半轴长度来绘制椭圆；（2）执行"绘图 / 椭圆 / 轴、端点"命令，可指定一个轴的两个端点（主轴）和另一个轴的半轴长度来绘制椭圆。如图 1-3-30 所示。

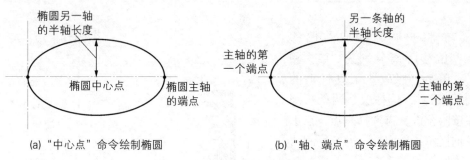

(a) "中心点"命令绘制椭圆   (b) "轴、端点"命令绘制椭圆

图 1-3-30   椭圆的两种绘制方法

2. 圆弧的绘制

圆弧的创建方式有多种，如图 1-3-31 所示。

（1）通过指定三点绘制圆弧，如图 1-3-32 所示。本例的起点和端点为直线的两端，中间点为圆心。

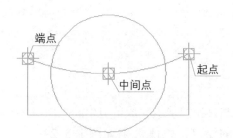

图 1-3-31   创建圆弧的多种方法   **图 1-3-32   通过指定"三点"绘制圆弧**

（2）通过指定"起点、圆心、端点"绘制圆弧，如图 1-3-33 所示。

（3）通过指定"起点、圆心、角度"或"圆心、起点、角度"绘制圆弧，如图 1-3-34 所示。

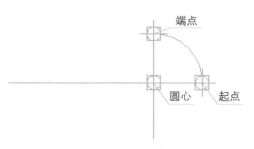

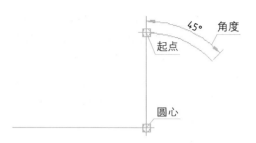

图 1-3-33 通过指定"起点、圆心、端点"
绘制圆弧

图 1-3-34 通过指定"起点、圆心、角度"
绘制圆弧

（4）通过指定"起点、端点、角度"绘制圆弧，如图 1-3-35 所示。

（5）通过指定"起点、圆心、长度"绘制圆弧，如图 1-3-36 所示。

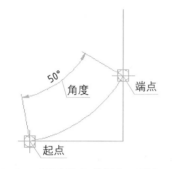

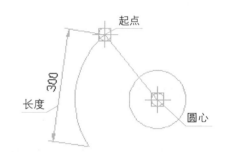

图 1-3-35 通过指定"起点、端点、角度"
绘制圆弧

图 1-3-36 通过指定"起点、圆心、长度"
绘制圆弧

（6）通过指定"起点、端点、方向（半径）"绘制圆弧，如图 1-3-37 所示。

（7）绘制邻接圆弧和直线，如图 1-3-38 所示。在完成圆弧的绘制后，直接启动 line 命令并按回车键，可以立即绘制出一端与该圆弧相切的直线（只需指定线长）。反之，在完成直线的绘制后，直接启动"ARC"命令并按回车键，可以绘制出一端与该直线相切的圆弧（只需指定圆弧的端点）。

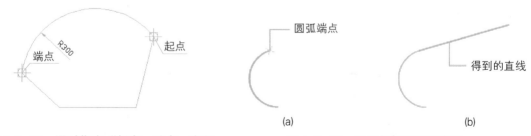

图 1-3-37 通过指定"起点、端点、方向
（半径）"绘制圆弧

图 1-3-38 绘制邻接圆弧和直线

3. 镜像

在 AutoCAD 2014 中，可以使用"镜像"命令，使对象相对于镜像线对称复制。执行"修改 / 镜像"命令，或在"修改"工具栏中单击"镜像"按钮即可进行此操作。

执行该命令时，需要选择要生成镜像的源对象，然后依次指定镜像线上的两个端点，命令行将显示"删除源对象吗？[是（Y）/否（N）] <N>:"的提示信息。如果直接按回车键，则生成镜像，并保留源对象；如果输入"Y"，则在生成镜像的同时删除源对象。如图1-3-39所示。

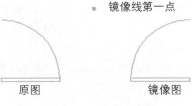

图1-3-39　镜像的操作方法

4. 复制对象

在AutoCAD 2014中，可以使用"复制"命令创建与原有对象相同的图形。执行"修改/复制"命令，或单击"修改"工具栏中的"复制"按钮，即可复制出已有对象的副本，并可将该副本放置在指定的位置上。执行该命令时，首先需要选择对象，然后指定位移的基点和位移矢量（相对于基点的方向和大小）。

使用"复制"命令还可以同时创建多个副本。在命令行显示的"指定第二个点或[退出（E）/放弃（U）<退出>:"提示下，通过连续指定位移的第二点来创建该对象的其他副本，直到按回车键结束。

 拓展与提高

1. 对齐对象

执行"修改/三维操作/对齐"命令，可以使当前对象与其他对象对齐，它既适用于二维对象，也适用于三维对象。

在对齐二维对象时，可以指定一对或两对对齐点（源点和目标点）；在对齐三维对象时，则需要指定三对对齐点。如图1-3-40所示。

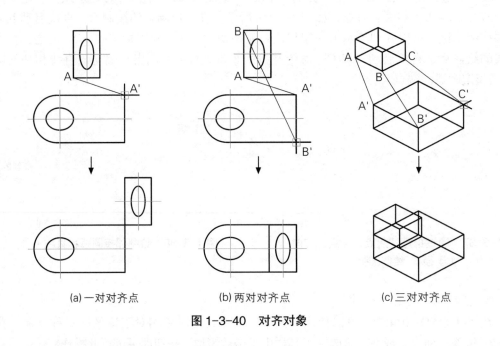

(a) 一对对齐点　　　　(b) 两对对齐点　　　　(c) 三对对齐点

图1-3-40　对齐对象

2. 拉长对象

执行"修改 / 拉长"命令，或在"修改"工具栏中单击"拉长"按钮，即可修改线段或者圆弧的长度。

📖 思考与练习

请用直线、椭圆、偏移、修剪、复制、镜像、圆角等命令完成分体式马桶的绘制，如图1-3-41所示。

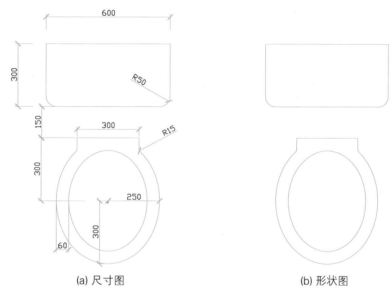

(a) 尺寸图　　　　　　　(b) 形状图

图 1-3-41　分体式马桶的尺寸图和形状图

项目实训一　洗衣机的绘制

📍 项目描述

目前市场上的洗衣机大致可分为两类，即波轮式洗衣机和滚筒式洗衣机，如图1-4-1所示。

本实训要求绘制一张单筒的波轮洗衣机平面图，有关尺寸如图1-4-2（a）所示，形状如图1-4-2（b）所示。未标尺寸请根据图形大小自行估算。

图 1-4-1　波轮式洗衣机

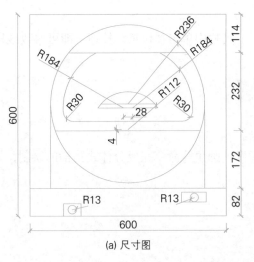
(a) 尺寸图

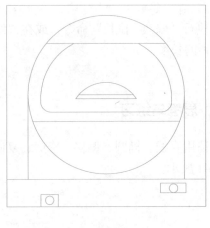
(b) 形状图

图 1-4-2　单筒波轮洗衣机尺寸图和形状图

【实训要求】

● 能运用基本的绘图命令绘制图形。
● 能运用编辑命令进行图形的编辑操作。
● 掌握 CAD 图形绘制的基本方法和步骤。
● 提高识图能力。

步骤提示

（1）新建图形文件，确定图形界限的大小和精度。

（2）用"直线"和"偏移"命令绘制基本形状，如图 1-4-3 所示。

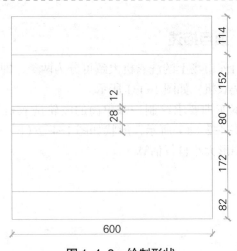

图 1-4-3　绘制形状

（3）绘制所需的几个大圆，注意圆心的正确位置，如图1-4-4所示。

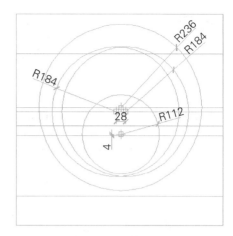

图1-4-4　绘制圆形

（4）将图形修剪成形并绘制其余图形，如图1-4-5所示。

图1-4-5　修剪成形

（5）绘制倒圆角，半径值为"30"，完成洗衣机图形的绘制，如图1-4-6所示。

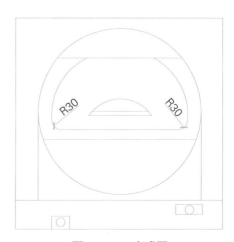

图1-4-6　完成图

项目评价

项目实训评价表

内 容			评		价	
学习目标	评价项目		4	3	2	1
职业能力 能运用基本的绘图命令绘制图形	能熟练绘制直线					
	能熟练绘制圆					
能运用编辑命令进行图形的编辑操作	能熟练进行偏移操作					
	能熟练进行图形修剪操作					
	能熟练进行圆角操作					
识图能力	能熟练找准圆心位置					
	能依样张正确估计图形大小					
通用能力 交流表达能力						
与人合作能力						
沟通能力						
组织能力						
活动能力						
解决问题的能力						
自我提高的能力						
革新、创新的能力						
综 合 评 价						

项目二　客厅的绘制

客厅是居家环境中的重要组成部分，它不但是全家人聚会、交流、娱乐的主要场所，也是体现主人品位的核心区域，如图 2-0-1 所示。

本项目将通过三个任务来完成客厅整体布局的绘制，如图 2-0-2 所示。

图 2-0-1　客厅效果图

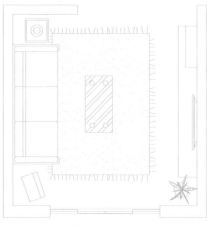

图 2-0-2　客厅的整体布局平面图

【项目目标】

- 能熟练绘制直线、圆、矩形、多边形等图形。
- 能熟练进行偏移、修剪等修改操作。
- 掌握移动、旋转、阵列和填充的操作方法。
- 能依样张正确估计图形大小。

任务一　电视柜的绘制

 任务描述

地柜式的电视柜（如图 2-1-1 所示），其上可放置多种多样的视听器材，还可以用来展示主人的收藏品，既实用又美观，形成了客厅中一道亮丽、独特的"风景线"。

本任务通过绘制客厅墙体和电视柜的平面图，来学习矩形、移动等命令的操作方法。图2-1-2 为客厅的尺寸图，图 2-1-3 为电视柜和电视机的尺寸图。

图 2-1-1　电视柜

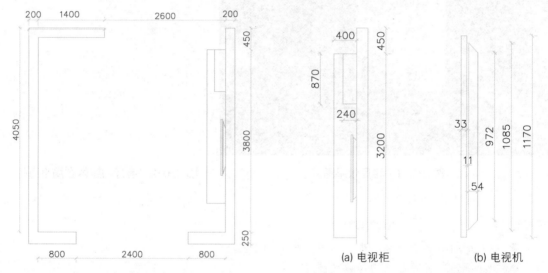

图 2-1-2　客厅的尺寸图

(a) 电视柜　　　(b) 电视机

图 2-1-3　电视柜和电视机的尺寸图

 【任务分析】

　　本任务要求绘制客厅的墙体和一个客厅电视柜，主要操作步骤如下：

　　（1）用"直线"命令和"偏移"命令绘制客厅墙体的水平线段和垂直线段，用"倒角"命令完成墙体转角处理。

　　（2）用"矩形"命令绘制电视柜和搁板。

　　（3）用"直线"命令和"偏移"命令绘制电视机，并用"移动"命令将电视机移动到对应位置，完成电视柜的绘制。

1. 新建文件并设置绘图环境

（1）执行"文件／新建"命令，或在"快速访问"工具栏中单击"新建"按钮，创建新图形文件。

（2）执行"格式／单位"命令，设置绘图时使用的长度单位、角度单位，以及单位的显示格式和精度等参数。（建筑绘图精度一般设为0）

（3）执行"格式／图形界限"命令，设置绘图图限大小为10000×7000。

（4）在命令行窗口处输入命令"ZOOM"并按回车键，再输入"a"并按回车键，完成整个图形的显示。

2. 绘制客厅墙线

（1）单击"绘图"工具栏上的"直线"工具，绘制如图2-1-4所示的线段。

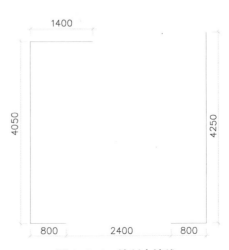

图2-1-4　绘制内墙线

（2）单击"修改"工具栏上的"偏移"工具，将各线段分别向外侧偏移，偏移距离分别为"200"、"200"、"200"、"250"，如图 2-1-5 所示。

提示：250 厚为外墙，其余为内墙。

图 2-1-5　绘制外墙线

（3）单击"修改"工具栏上的"倒角"工具，确认"当前倒角距离 1＝0，距离 2＝0"。完成三处墙角的倒角，如图 2-1-6 所示。

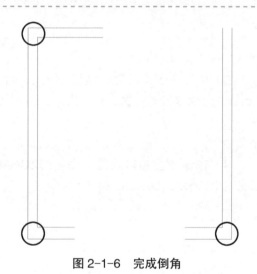

图 2-1-6　完成倒角

（4）单击"绘图"工具栏上的"直线"工具，补绘四条线段，如图 2-1-7 所示。

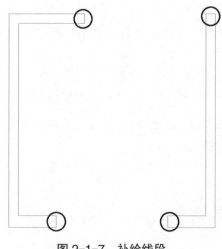

图 2-1-7　补绘线段

3. 绘制电视柜

（1）单击"绘图"工具栏上的"矩形"工具，指定第一个角点为：客厅右上角墙线上，其左边的角点向下引线450处，如图2-1-8所示。单击鼠标左键确认该角点。

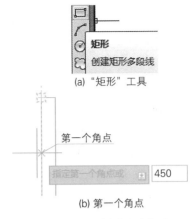

(a) "矩形"工具

(b) 第一个角点

图 2-1-8 绘制矩形（1）

（2）指定另一个角点时，输入角点的相对坐标值（-400，-3200）并按回车键，完成一个矩形的绘制，如图2-1-9所示。

提示：AutoCAD 2014 绘图区域中的每一个点的坐标均可以使用（X，Y）表示，其中 X 值代表点到 Y 轴的垂直距离，取正值说明点位于 Y 轴的右侧，取负值说明点位于 Y 轴的左侧；Y 值代表点到 X 轴的垂直距离，取正值说明点位于 X 轴的上方，取负值说明点位于 X 轴的下方。输入坐标值时，按 Tab 键切换 X 坐标和 Y 坐标。

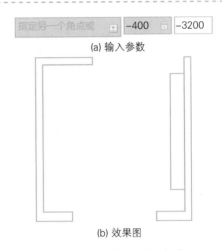

(a) 输入参数

(b) 效果图

图 2-1-9 绘制矩形（2）

（3）按照相同的方法，再绘制一个矩形。第一个角点直接捕捉上一个矩形的右上角点，第二个角点输入角点相对坐标值（-240，-870），如图2-1-10所示。

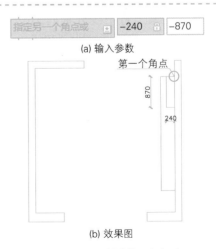

(a) 输入参数

(b) 效果图

图 2-1-10 绘制矩形（3）

4. 绘制电视机

（1）单击"绘图"工具栏上的"直线"工具，在客厅的中央空白位置绘制电视机。首先绘制垂直线段，高度值为"1170"，水平偏移距离分别为"33"、"11"、"54"，如图 2-1-11（a）所示。再通过捕捉中点的方式绘制一条中线，如图 2-1-11（b）所示。

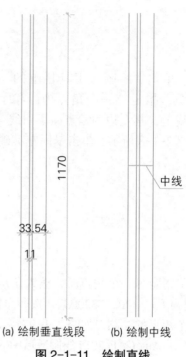

(a) 绘制垂直线段　　(b) 绘制中线

图 2-1-11　绘制直线

（2）单击"修改"工具栏上的"偏移"工具，将中线分别向上、下两侧偏移，偏移距离为"386"、"543"和"585"，如图 2-1-12（a）所示。单击"修改"工具栏上的"修剪"工具并按回车键（表示选择所有线条作为剪切边），如图 2-1-12（b）所示修剪线条。

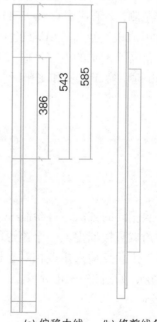

(a) 偏移中线　　(b) 修剪线条

图 2-1-12　偏移线段并修剪

（3）绘制两条斜线，如图2-1-13（a）所示。再删除多余线段，如图2-1-13（b）所示。

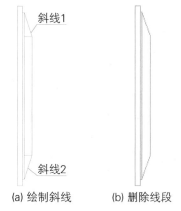

(a) 绘制斜线　　(b) 删除线段

图 2-1-13　绘制斜线并删除多余线段

（4）如图2-1-14所示，在原线段上再绘制一条线段。

提示：在运用AutoCAD 2014制图的过程中，线条重叠不会对图形产生影响，反而是提高绘图效率的常用方法。

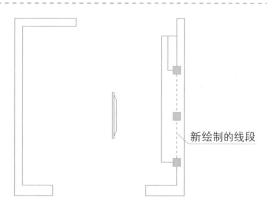

图 2-1-14　在原线段上再绘制一条直线

（5）在"修改"工具栏中单击"移动"按钮，选中整台电视机并按回车键，基点捕捉电视机右边线条的中点，第二点捕捉刚才新绘制的线段的中点，如图2-1-15所示。

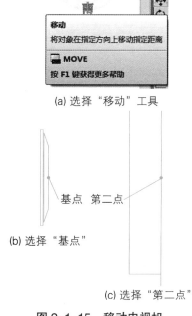

(a) 选择"移动"工具

(b) 选择"基点"

(c) 选择"第二点"

图 2-1-15　移动电视机

（6）将电视机图形移动到电视柜图形里面，完成电视柜的绘制，如图 2-1-16 所示。保存文件并将文件命名为"客厅-电视柜.dwg"。

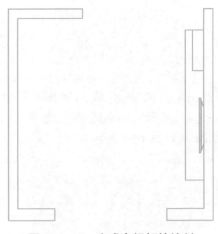

图 2-1-16　完成电视柜的绘制

相关知识与技能

1. 矩形的绘制

在 AutoCAD 2014 中，可以通过"矩形"命令绘制矩形。执行"绘图/矩形"命令，或在"绘图"工具栏中单击"矩形"按钮，即可绘制出倒角矩形、圆角矩形、有厚度的矩形等多种矩形，如图 2-1-17 所示。

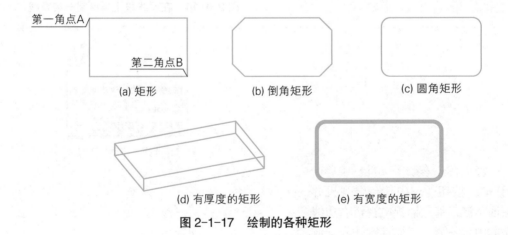

图 2-1-17　绘制的各种矩形

2. 移动对象

移动对象是指将对象重定位。执行"修改/移动"命令，或在"修改"工具栏中单击"移动"按钮，可以在指定方向上按指定距离移动对象，对象的位置发生了改变，但方向和大小不改变。

移动对象时，首先选择要移动的对象，然后指定位移的基点和位移矢量。在命令行的"指定基点或[位移]<位移>"提示下：如果单击或以键盘输入形式给出了基点坐标，命令行将显示"指定第二点或 < 使用第一个点作位移 >:"提示；如果按回车键，那么所给出的基点坐标值就作为偏移量，即将该点作为原点（0, 0），然后将图形相对于该点移动由基点设定的偏移量。

 拓展与提高

延伸对象

在 AutoCAD 2014 中，可以使用"延伸"命令拉长对象。执行"修改 / 延伸"命令，或在"修改"工具栏中单击"延伸"按钮，可以延伸指定的对象与另一对象相交或外观相交，如图 2-1-18 所示。

(a) 延伸前   (b) 延伸后

图 2-1-18　延伸对象

思考与练习

请绘制如图 2-1-19 所示的消毒柜，其形状及尺寸可参照图中的示意。提示：消毒柜中的碗可以通过"复制"命令来完成。

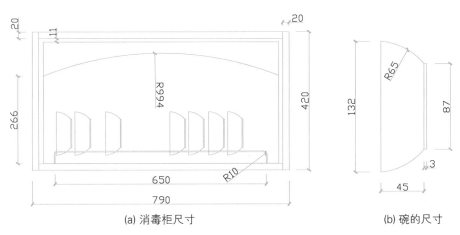

(a) 消毒柜尺寸   (b) 碗的尺寸

图 2-1-19　消毒柜和碗的尺寸图

任务二　沙发的绘制

任务描述

在家中摆放一组沙发（如图 2-2-1 所示），如果摆放得体，自然能和周围的家饰相得益彰；反之，再漂亮的沙发，也会给人一种"大煞风景"的感觉。因此，在摆放甚至选购沙发之前，一定要考虑到客厅的功能以及面积的大小。

本任务通过绘制一款三人沙发和盆景的平面图，来学习旋转、分解等修改命令和多边形绘图命令，巩固已学的直线、圆弧、镜像、圆角、修剪等命令的操作，如图 2-2-2 所示。

图 2-2-1　沙发

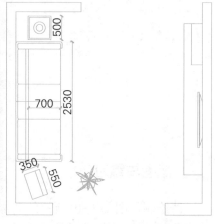

图 2-2-2　客厅沙发的形状图

[任务分析]

本任务要求绘制一款三人沙发和盆景，由于图形较复杂，所以没有提供所有的尺寸图，请根据步骤中提供的相关尺寸进行绘制。主要操作步骤如下：

（1）用"偏移"命令绘制水平线段和垂直线段，通过"倒角"和"圆"命令绘制方桌。

（2）用"圆角"命令和补绘直线的方法绘制半个沙发，再用"镜像"命令得到另一半沙发。

（3）用"矩形"命令绘制空调，用旋转命令作适当旋转，并将其移动到客厅适当位置。

（4）用"多边形"命令绘制花盆，用"圆弧"、"直线"和"修剪"命令绘制叶子。

方法与步骤

1. 绘制方桌

（1）打开任务一中绘制的"客厅－电视柜.dwg"文件。单击"修改"工具栏上的"偏移"工具，将"线段1"水平向下偏移，偏移距离分别为"343"、"296"和"2530"，如图2-2-3所示。

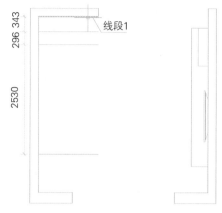

图2-2-3　偏移水平线段

（2）运用相同的方法，将"线段2"垂直向右偏移，偏移距离分别为"510"和"457"，如图2-2-4所示。

图2-2-4　偏移垂直线段

（3）运用相同的方法，将虚线状态表示的两条线段上下、左右各偏移"250"，如图2-2-5所示。

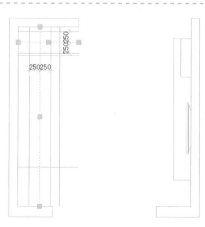

图2-2-5　偏移虚线线段

（4）单击"修改"工具栏上的"倒角"工具，确认"当前倒角距离 1 ＝ 0，距离 2 ＝ 0"，完成方桌外侧的转角倒角处理，如图 2-2-6 所示。

方桌四个角做倒角

图 2-2-6　方桌倒角处理

（5）单击"修改"工具栏上的"偏移"工具，将方桌的四条线段向里偏移，偏移距离均为"30"，如图 2-2-7 所示。

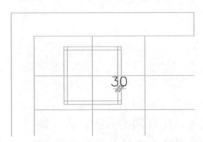

30

图 2-2-7　偏移方桌线段

（6）单击"修改"工具栏上的"倒角"工具，完成方桌内侧线条的倒角处理。再绘制两个同心圆，半径值分别为"72"和"125"，如图 2-2-8 所示。

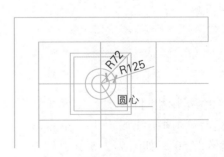

R72
R125
圆心

图 2-2-8　方桌倒角处理并绘制同心圆

2. 绘制沙发

（1）单击"修改"工具栏上的"修剪"工具，完成垂直线段的修剪，并删除多余线段。单击"绘图"工具栏上的"直线"工具，捕捉中点绘制一条中线，如图 2-2-9 所示。

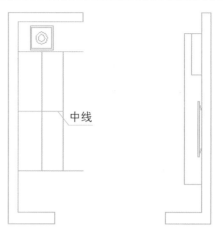

图 2-2-9　删除多余线段并绘制一条中线

（2）单击"修改"工具栏上的"偏移"工具，将刚绘制的中线向上偏移，偏移距离分别为"371"、"742"和"118"，如图 2-2-10 所示。

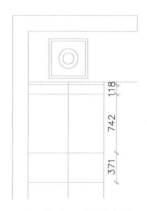

图 2-2-10　偏移中线

（3）绘制一条垂直线段，长度为130，如图 2-2-11 所示。

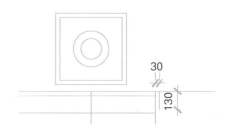

图 2-2-11　绘制垂直线段

（4）将垂直中线向左偏移，偏移距离分别为"237"、"295"和"459"，如图 2-2-12 所示。

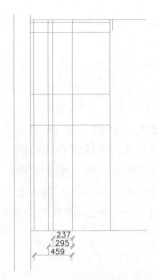

图 2-2-12　偏移垂直中线

（5）单击"修改"工具栏上的"圆角"工具，输入"r"，设置圆角半径值为"30"，再选择"直线1"和"直线2"进行圆角操作并按回车键确认。再选择"直线2"和"直线3"进行同样的圆角操作，如图 2-2-13 所示。

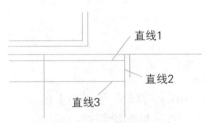

图 2-2-13　圆角处理

（6）圆角处理后需要补绘消失的线段，如图 2-2-14 所示补绘直线。

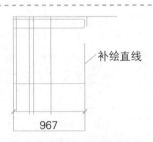

图 2-2-14　补绘直线

（7）运用相同的方法处理"直线3"和"直线4"以及"直线4"和"直线5"的圆角，半径值均为"30"。圆角处理后同样需要补绘消失的线段，如图 2-2-15 所示。

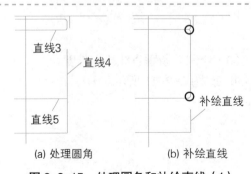

(a) 处理圆角　　　　(b) 补绘直线

图 2-2-15　处理圆角和补绘直线（1）

（8）运用相同的方法处理其他线段的圆角，在圆角处理过程中需要及时补绘消失的线段，完成后如图 2-2-16 所示。

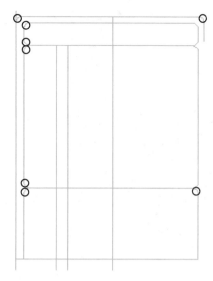

图 2-2-16　处理圆角和补绘直线（2）

（9）处理沙发扶手处的圆角时，要选择"直线 1"和"直线 2"，如图 2-2-17 所示。

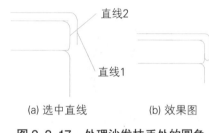

(a) 选中直线　　　　(b) 效果图

图 2-2-17　处理沙发扶手处的圆角

（10）单击"修改"工具栏上的"镜像"工具，选中做好的一半沙发，再指定镜像线的第一点和第二点，按回车键确认，完成镜像操作，如图 2-2-18 所示。

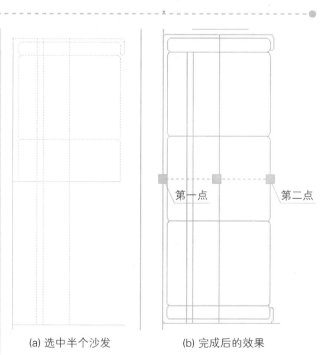

(a) 选中半个沙发　　　　(b) 完成后的效果

图 2-2-18　镜像操作

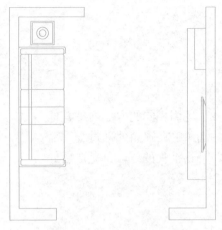

（11）删除沙发上的多余线条，完成效果如图 2-2-19 所示。

图 2-2-19　沙发完成图

3. 绘制空调

（1）单击"绘图"工具栏上的"矩形"工具，在客厅的空白位置绘制矩形，尺寸为"350×550"，如图 2-2-20（a）所示。单击"修改"工具栏上的"分解"工具，选择刚绘制的矩形并按回车键，将矩形图形分解为四条直线，如图 2-2-20（b）所示。再将右侧直线向左偏移，距离为"100"，如图 2-2-20（c）所示。

(a) 绘制矩形　　(b) "分解"工具　　(c) 偏移直线

图 2-2-20　绘制矩形并分解

（2）用"修改"工具栏上的"旋转"工具，将空调图形旋转一个角度，并移动到客厅中合适的位置，如图 2-2-21 所示。

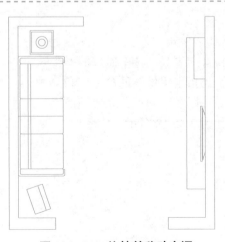

图 2-2-21　旋转并移动空调

4. 绘制盆景

（1）单击"绘图"工具栏上的"多边形"工具，输入侧面数为"6"，如图 2-2-22 所示。

(a) 选择"多边形"工具　　　(b) 输入侧面数

图 2-2-22　绘制多边形（1）

（2）在客厅的适当位置单击，作为中心点（图 2-2-23 所示的十字光标位置），并选择"内接于圆"。

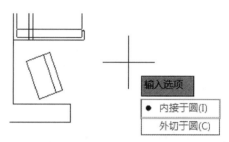

图 2-2-23　绘制多边形（2）

（3）指定圆的半径值为"150"，并按回车键确认，如图 2-2-24 所示。

图 2-2-24　绘制多边形（3）

（4）关闭对象捕捉功能，用三点法绘制若干个圆弧，如图 2-2-25 所示。

图 2-2-25　绘制圆弧

（5）绘制若干条直线，如图 2-2-26 所示。

图 2-2-26　绘制直线

（6）对盆景进行修剪，并用三点法再绘制若干圆弧，如图 2-2-27 所示。

图 2-2-27　修剪盆景

（7）将盆景移至合适的位置，最后完成的客厅沙发和盆景整体效果，如图 2-2-28 所示。保存文件，并将文件命名为"客厅－沙发 .dwg"。

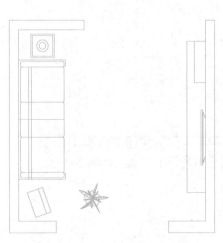

图 2-2-28　沙发和盆景完成图

1. 旋转对象

执行"修改 / 旋转"命令，或在"修改"工具栏中单击"旋转"按钮，可以将对象绕基点旋转指定的角度。

2. 分解对象

对于矩形、块等由多个对象编组成的组合对象，如果需要对单个成员进行编辑，就需要先将它分解开。执行"修改 / 分解"命令，或在"修改"工具栏中单击"分解"按钮，选择需要分解的对象后按回车键，即可分解图形并结束该命令。

3. 多边形的绘制

在 AutoCAD 2014 中，可以使用"多边形"命令绘制多边形。执行"绘图 / 多边形"命令，或在"绘图"工具栏中单击"多边形"按钮，可以绘制边数范围为 3~1024 的正多边形。

4. 缩放对象

执行"修改 / 缩放"命令，或单击"修改"工具栏上的"缩放"按钮，选择要缩放的对象并按回车键，再指定基点，确定缩放比例因子，如图 2-2-29 所示。所选择的对象将依据该比例因子相对于基点被进行缩放，且"0< 比例因子 <1"时是缩小对象，"比例因子 >1"时是放大对象。

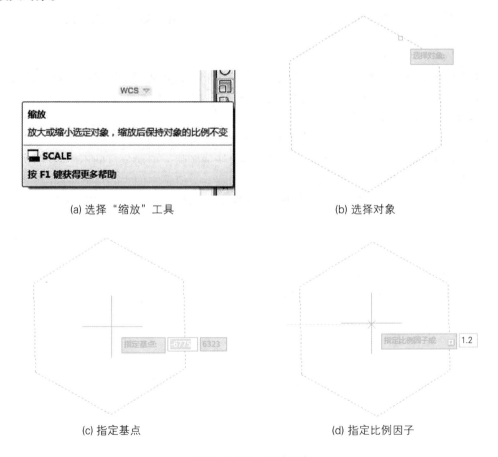

(a) 选择"缩放"工具　　　　　　　　　　(b) 选择对象

(c) 指定基点　　　　　　　　　　　　　(d) 指定比例因子

图 2-2-29　缩放对象

1. 打断对象

在 AutoCAD 2014 中，使用"打断"命令可部分删除对象或把对象分解成两部分，还可以使用"打断于点"命令将对象在某一点处断开成两个对象。

（1）打断对象：执行"修改/打断"命令，或在"修改"工具栏中单击"打断"按钮，即可部分删除对象或把对象分解成两部分。执行该命令时，需要选择打断的对象，如图2-2-30所示。

（2）打断于点：在"修改"工具栏中单击"打断于点"按钮，可以使对象在某一点处断开成两个对象，它是从"打断"命令中派生出来的。执行该命令时，需要选择被打断的对象，然后指定打断点，即可从该点打断对象，如图2-2-31所示。

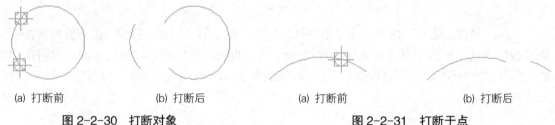

| (a) 打断前 | (b) 打断后 | (a) 打断前 | (b) 打断后 |

图2-2-30　打断对象　　　　　　　　　　图2-2-31　打断于点

2. 合并对象

如果需要连接某一连续图形上的两个部分，或者将某段圆弧闭合为整圆，可以执行"修改/合并"命令，或单击"修改"工具栏上的"合并"按钮，如图2-2-32所示。

合并对象须注意以下几点：

（1）合并直线。合并对象必须共线，但是对象之间可以有间隙。

（2）合并多段线。合并对象可以是直线、多段线或圆弧，但对象之间不能有间隙。

（3）合并圆弧。合并对象必须位于同一假想的圆上，但是它们之间可以有间隙。

（4）合并椭圆弧。合并对象必须位于同一椭圆上，但是对象之间可以有间隙。

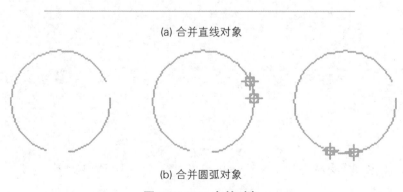

(a) 合并直线对象

(b) 合并圆弧对象

图2-2-32　合并对象

1. 请绘制如图 2-2-33（a）所示的盆景，花盆的尺寸可参照图 2-2-33（b）。

(a) 盆景效果图

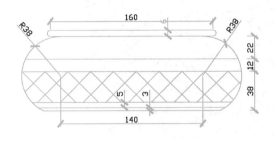

(b) 盆景的尺寸图

图 2-2-33 盆景效果图和花盆尺寸图

2. 请利用矩形、直线、圆角、镜像、复制等命令绘制如图 2-2-34 所示的餐桌图形（图中圆弧的尺寸请根据图纸自己估计）。

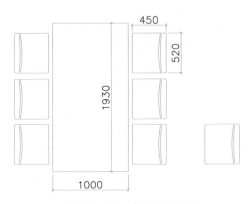

图 2-2-34 餐桌效果图

任务三　地毯的绘制

任务描述

有人说，地毯好比地板的温柔伴侣，能在每一个萧瑟的日子里送来贴心的暖意。可见，一块精美的地毯能使我们的家居生活变得更为绚丽多彩，使房间洋溢着温馨的气息，如图2-3-1所示。

本任务通过绘制地毯、茶几和移动门的平面图，来学习阵列、填充等命令，巩固已学的直线、复制、镜像和修剪等命令的操作方法，如图2-3-2所示。

图2-3-1　客厅地毯

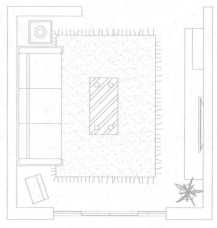

图2-3-2　地毯效果图

【任务分析】

本任务要求在已绘制好沙发的客厅中绘制茶几、移动门和地毯。主要操作步骤如下：

（1）运用"直线"工具绘制茶几和地毯的外形，可使用镜像命令提高绘图的效率。

（2）用"圆"和"阵列"工具完成茶几图形的绘制，用"直线"、"偏移"和"修剪"命令完成移动门的绘制。

（3）用"填充"工具分别对茶几和地毯进行填充。

方法与步骤

1. 绘制地毯和茶几

（1）打开任务二中绘制的"客厅－沙发.dwg"文件。单击"绘图"工具栏中的"直线"工具，以三人沙发的中点为起点，水平向右绘制长度为"2000"的直线，接着向上绘制长度为"1500"的直线，再向左绘制长度为"2120"的直线，最后垂直向下绘制并与沙发相交，如图2-3-3所示。

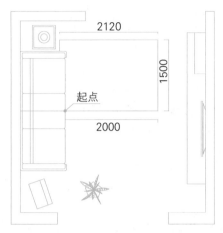

图2-3-3 绘制地毯外框线

（2）运用"直线"工具从三人沙发的中点向右引线，起点与沙发中点的距离为"600"，向上绘制长度为"600"的直线，再向右绘制长度为"600"的直线，最后向下绘制直线并与水平直线相交，如图2-3-4所示。

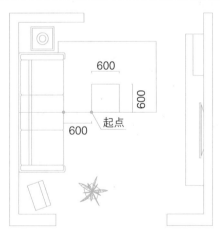

图2-3-4 绘制茶几外框线

（3）单击"绘图"工具栏上的"圆"工具，按住Shift键单击鼠标右键，选择"自"选项，如图2-3-5所示。

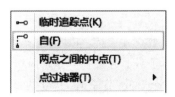

图2-3-5 选择"自"选项

（4）捕捉茶几的左上角点，输入"@150，-150"并按回车键，如图2-3-6所示。

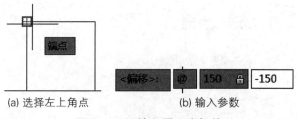

(a) 选择左上角点　　　　(b) 输入参数

图 2-3-6　输入圆心坐标值

（5）再输入半径值"50"，绘制出如图2-3-7所示的圆。

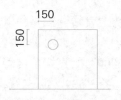

图 2-3-7　绘制茶几上的圆形

（6）单击"修改"工具栏上的"镜像"工具，选择前面绘制的几条地毯外框线和茶几外框线，指定镜像线的第一点和第二点为水平中心线上的任意两点并按回车键，完成镜像操作，如图2-3-8所示。

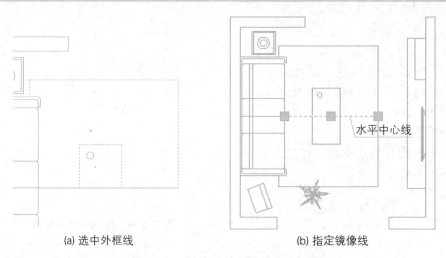

(a) 选中外框线　　　　　　　　　　(b) 指定镜像线

图 2-3-8　镜像地毯和茶几的外框线

（7）长按"修改"工具栏上的"阵列"工具，并选择"矩形阵列"。选中茶几上半径值为50的圆并按回车键，出现阵列预览效果图，如图2-3-9所示。

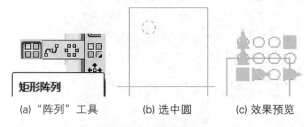

(a) "阵列"工具　　(b) 选中圆　　(c) 效果预览

图 2-3-9　矩形阵列

（8）鼠标单击右上角点作为夹点，如图 2-3-10 所示。

图 2-3-10　选择夹点

（9）向左下角移动鼠标，当显示 2 行 2 列时单击鼠标左键，如图 2-3-11 所示。

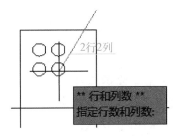

图 2-3-11　2 行 2 列效果

（10）输入"s"并按回车键；输入列间距为"300"并按回车键；再输入行间距为"-900"并按回车键。再按一下回车键退出该命令，完成阵列操作，如图 2-3-12 所示。

图 2-3-12　完成阵列操作

2. 绘制移门

（1）删除沙发和地毯处的水平中线。单击"直线"工具，在客厅通向阳台处绘制移门的水平中心线，如图 2-3-13 所示。

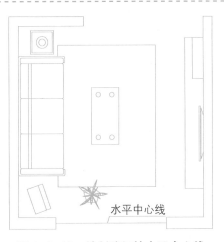

图 2-3-13　绘制移门的水平中心线

（2）单击"偏移"工具，将刚绘制的水平中线向上、向下各偏移"40"和"50"，如图 2-3-14（a）所示。再将移门处的垂直直线做三次水平方向的偏移，偏移距离为"600"，如图 2-3-14（b）所示。

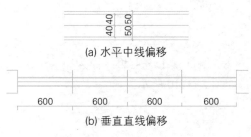

(a) 水平中线偏移

(b) 垂直直线偏移

图 2-3-14　偏移移门线

（3）单击"修剪"工具，直接按回车键，单击需要修剪掉的线段，完成移门的图形绘制，如图 2-3-15 所示。

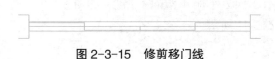

图 2-3-15　修剪移门线

（4）选中上、下两条水平线，在"线型控制"工具栏的下拉列表中选择一种虚线线型，将其表示为移门的门框，如图 2-3-16 所示。因为移门门框是安装在天花板上的，所以用虚线表示。

提示：关于线型设置，在项目四中会有详细介绍。

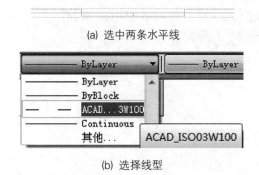

(a) 选中两条水平线

(b) 选择线型

图 2-3-16　设置虚线

3. 填充图案

（1）单击"绘图"工具栏上的"图案填充"工具，设置图案为"ANSI32"，设置比例为"20"，单击"添加：拾取点"，在茶几的空白处单击鼠标左键，再按回车键，单击"确定"按钮，如图 2-3-17 所示。

(a) 选择"图案填充"工具   (b) 设置参数

图 2-3-17　将茶几进行图案填充

（2）茶几填充图案后的效果如图 2-3-18 所示。

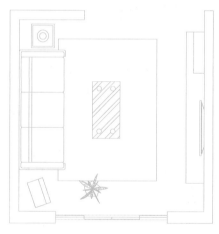

图 2-3-18　茶几图案效果图

（3）单击"修改"工具栏上的"移动"工具，将客厅的盆景移动到电视柜的旁边。单击"绘图"工具栏上的"图案填充"工具，设置图案为"AR-SAND"，设置比例为"3"，单击"添加：拾取点"按钮，在地毯的空白处单击鼠标左键并按回车键，单击"确定"按钮，完成图案填充，效果如图 2-3-19所示。

图 2-3-19　移动盆景并填充地毯图案

（4）关闭"对象捕捉"功能。单击"绘图"工具栏上的"直线"工具，绘制若干条直线，再对其进行复制，完成地毯流苏的绘制，如图 2-3-20 所示。保存文件并将文件命名为"客厅-地毯 .dwg"。

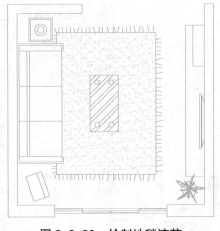

图 2-3-20　绘制地毯流苏

1. 阵列

在 AutoCAD 2014 中，可以通过"阵列"命令创建以矩形模式、环形模式或沿指定路径均匀分布的多个对象副本。执行"修改 / 阵列"命令，或长按"修改"工具栏上的"阵列"按钮，根据操作要求在"矩形阵列"、"路径阵列"和"环形阵列"中选择一项。

（a）执行"修改/阵列"命令

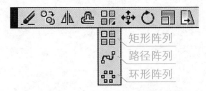

（b）"修改"工具栏上的"阵列"按钮

图 2-3-21　阵列命令

（1）创建矩形阵列：在矩形阵列中，对象可分布到任意行、列和层，如图 2-3-22（a）所示。动态预览可快速地获得行和列的数量和间距。在移动光标时，可增加或减少阵列中的列数和行数以及行间距和列间距。

（2）创建路径阵列：在路径阵列中，对象可均匀地沿路径或部分路径分布，如图 2-3-22（b）所示。路径可以是直线、多段线、三维多段线、样条曲线、螺旋、圆弧、圆或椭圆。沿路径分布的对象可以测量或分割。

（3）创建环形阵列：在环形阵列中，对象可围绕指定的中心点或旋转轴均匀分布，如图 2-3-22（c）所示。使用中心点创建环形阵列时，旋转轴为当前 UCS 的 Z 轴，可以通过指定两个点重新定义旋转轴。阵列的绘制方向取决于填充角度输入的是正值还是负值。对于关联阵列，可以在"特性"选项板中更改方向。

（4）控制阵列关联性：这是指通过维护对象之间的关系快速地在整个阵列中传递更改，

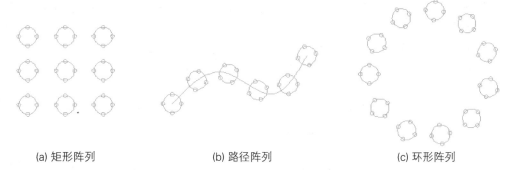

(a) 矩形阵列   (b) 路径阵列   (c) 环形阵列

图 2-3-22   三种阵列效果示意图

阵列可以是关联的或非关联的。

2. 图案填充

要重复绘制某些图案以填充图形中的一个区域，从而表达该区域的特征，这种填充操作称为图案填充。图案填充的应用非常广泛，例如在建筑图中，可以使用不同的图案填充来表达不同的材料。

执行"绘图/图案填充"命令，或在"绘图"工具栏中单击"图案填充"按钮，打开"图案填充和渐变色"对话框的"图案填充"选项卡，可以设置图案填充时的"类型和图案"、"角度和比例"等特性，如图 2-3-23 所示。

图 2-3-23   "图案填充和渐变色"对话框

（1）设置边界。在"边界"选项组中，包含"添加：拾取点"、"添加：选择对象"等按钮，其具体功能如下：

①"添加：拾取点"按钮：以拾取点的形式来指定填充区域的边界。

②"添加：选择对象"按钮：单击该按钮将切换到绘图窗口，可以通过选择对象的方式来定义填充区域的边界。

③"删除边界"按钮：单击该按钮可以取消系统自动计算或用户指定的边界。

④"重新创建边界"按钮：重新创建图案填充边界。

⑤"查看选择集"按钮：查看已定义的填充边界。

（2）设置孤岛。在进行图案填充时，通常将位于一个已定义好的填充区域内的封闭区域称为孤岛。单击"图案填充和渐变色"对话框右下角的"更多"按钮，将可以对孤岛进行设置，如图2-3-24所示。

（3）使用渐变色填充图形。使用"图案填充和渐变色"对话框中的"渐变色"选项卡，可以创建单色或双色的渐变色，并对图案进行填充，如图2-3-25所示。

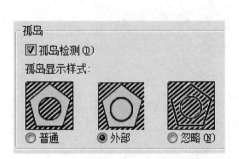

图2-3-24　设置孤岛

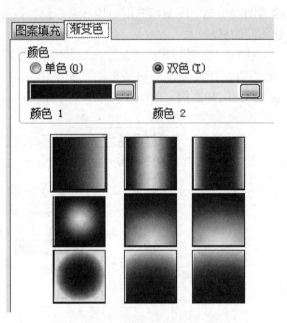

图2-3-25　"图案填充和渐变色"对话框中的"渐变色"选项卡

 拓展与提高

1. 选择对象的方法

在对图形进行编辑操作之前，首先需要选择要编辑的对象。在AutoCAD 2014中，选择对象的方法有很多。例如：可以通过单击对象逐个拾取，也可利用矩形窗口或交叉窗口选择；可以选择最近创建的对象、前面的选择集或图形中的所有对象，也可以向选择集中添加对象或从中删除对象。在AutoCAD 2014中，虚线亮显的部分即为所选的对象，如图2-3-26所示。

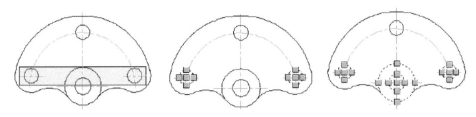

图 2-3-26　选择对象的方法

2. 使用编组

在 AutoCAD 2014 中，可以将图形对象进行编组以创建一种选择集，使编辑对象变得更灵活。

（1）创建对象编组。编组是已命名的对象选择集，随图形一起保存。一个对象可以作为多个编组的成员。在命令行提示下输入"GROUP"，并按回车键，可打开"对象编组"对话框，如图 2-3-27 所示。

图 2-3-27　创建对象编组

（2）修改编组。在"对象编组"对话框中，使用"修改编组"选项组中的选项可以修改对象编组中的单个成员或者对象编组本身。只有在"编组名"列表框中选择了一个对象编组后，该选项组中的按钮才可用。

 思考与练习

打开"项目二\练习\微波炉.dwg"文件，按图 2-3-28 所示完成微波炉的图案填充。

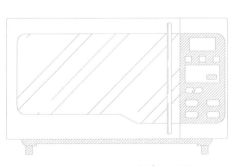

图 2-3-28　微波炉图案填充的效果图

项目实训二 阳台的绘制

项目描述

色彩和建筑材料的巧妙搭配可以使阳台变成娱乐、休闲的好地方。以落地式门窗代替厚重的墙体来分割客厅与阳台，增强了视觉对光线的需求和眺望时的通透感，如图2-4-1所示。

本实训要求绘制如图2-4-2所示的阳台平面图，请根据提供的尺寸正确完成图形的绘制（花卉尺寸请根据图形大小自行估计）。

图 2-4-1 阳台

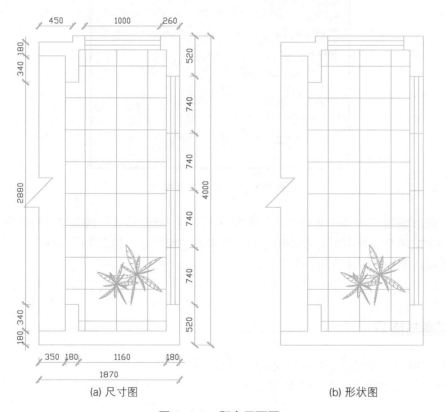

(a) 尺寸图　　　　　　　　　(b) 形状图

图 2-4-2 阳台平面图

● 熟练运用基本的绘图命令绘制图形。

● 能运用编辑命令进行图形的编辑操作。

● 掌握 CAD 图形绘制的基本方法和步骤。

● 提高识图能力。

步骤提示

（1）新建图形文件，确定图形界限的大小和精度。

（2）用"直线"和"偏移"命令绘制基本形状。用"修剪"工具完成图形的裁剪，如图 2-4-3 所示。

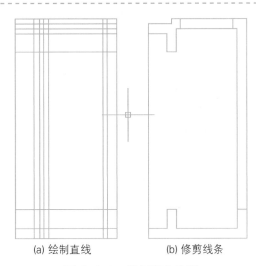

(a) 绘制直线   (b) 修剪线条

图 2-4-3　绘制阳台外墙

（3）用"直线"和"偏移"命令绘制窗体的基本形状。左侧的折断线用"直线"和"修剪"命令绘制，如图 2-4-4 所示。

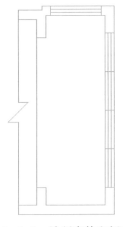

图 2-4-4　绘制窗体和折断线

（4）用"圆弧"和"直线"命令根据图 2-4-5 所示绘制花卉，大小可用"修改"工具栏上的"缩放"工具进行调整。

图 2-4-5　绘制花卉

（5）复制花卉，调整其大小，并做适当旋转，将两个花卉叠放在如图 2-4-6 所示的位置。

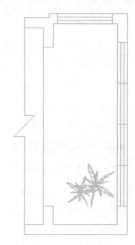

图 2-4-6　复制花卉

（6）用"绘图"工具栏上的"图案填充"工具，绘制阳台上的地面瓷砖，完成阳台的绘制，效果如图 2-4-7 所示。

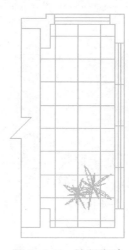

图 2-4-7　绘制瓷砖

📍 项目评价

项目实训评价表

	内　容		评　　　价			
	学习目标	评价项目	4	3	2	1
职业能力	能运用基本的绘图命令绘制图形	能熟练绘制直线				
		能熟练绘制圆弧				
	能运用编辑命令进行图形的编辑操作	能熟练进行偏移操作				
		能熟练进行图形修剪操作				
		能熟练进行缩放和旋转操作				
	识图能力	能独立依据尺寸正确绘图				
		能依样张正确估计花卉大小				
通用能力	交流表达能力					
	与人合作能力					
	沟通能力					
	组织能力					
	活动能力					
	解决问题的能力					
	自我提高的能力					
	革新、创新的能力					
综　合　评　价						

项目三 卧室的绘制

卧室是人们经过一天紧张的工作和学习后休息和独处的空间，它应具有安静、温馨的特征。如果想拥有一间舒适的卧室，从材料选择、色彩搭配、灯光布局到室内物件的摆设都要经过精心的设计，如图 3-0-1 所示。

本项目将通过三个任务来完成卧室整体布局的绘制，如图 3-0-2 所示。

图 3-0-1 卧室效果图

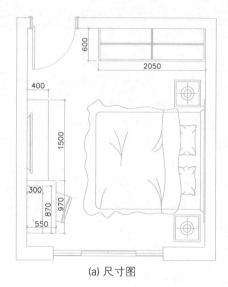

(a) 尺寸图   (b) 形状图

图 3-0-2 卧室的整体布局图

 【项目目标】

- 熟练运用绘图命令和编辑命令。
- 掌握图块和文字工具的操作。
- 具有 CAD 图形绘制的一般技能。
- 提高识图能力。

任务描述

一款具有良好收纳功能的衣橱是卧室必不可少的组成部分，如图3-1-1所示。

衣橱主要有推拉式和平开式两种。推拉式可以节省空间；平开式则较为传统，打开后可以方便看到衣橱里的全貌。

本任务通过绘制卧室墙体和平移门衣橱的平面图，来学习多段线和图块命令的操作方法，如图3-1-2所示。

图 3-1-1　衣橱

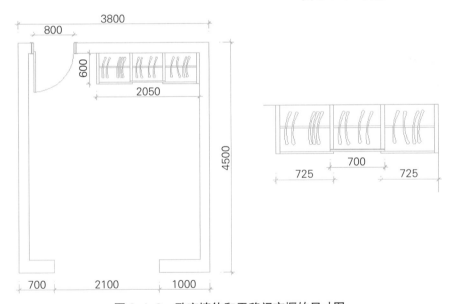

图 3-1-2　卧室墙体和平移门衣橱的尺寸图

【任务分析】

本任务要求绘制卧室墙体和一款平移门衣橱，其中衣架要求用多段线绘制并创建图块，还要对其进行适当旋转。主要操作步骤如下：

（1）用"直线"命令和"偏移"命令绘制水平线段和垂直线段，用"修剪"命令完成衣橱基本形状的绘制。

（2）用"多段线"命令绘制衣架，并创建图块。复制并旋转衣架，完成平移门衣橱的绘制。

方法与步骤

1. 新建文件并设置绘图环境

（1）执行"文件 / 新建"命令，或在"快速访问"工具栏中单击"新建"按钮，创建新图形文件。

（2）执行"格式 / 单位"命令，设置绘图时使用的长度单位、角度单位，以及单位的显示格式和精度等参数。（建筑绘图精度一般设为 0）。

（3）执行"格式 / 图形界限"命令，设置绘图图限大小为 10000×7000。

（4）在命令行窗口处输入命令"ZOOM"并按回车键，再输入"a"并按回车键，完成整个图形的显示。

2. 绘制卧室墙线

（1）单击"绘图"工具栏上的"直线"工具，绘制卧室内墙线，如图 3-1-3 所示。

图 3-1-3　绘制卧室内墙线

（2）单击"修改"工具栏上的"偏移"工具，将各线段分别向外侧偏移，偏移距离分别为"200"、"200"、"200"、"250"，如图3-1-4所示。

提示：250厚为外墙，其余为内墙。

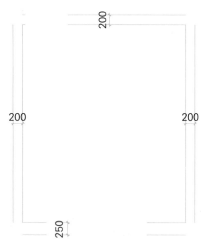

图 3-1-4　偏移墙线

（3）单击"修改"工具栏上的"倒角"工具，确认"当前倒角距离1＝0，距离2＝0"，完成墙角的倒角操作。单击"绘图"工具栏上的"直线"工具，补绘线段，完成后如图3-1-5所示。

图 3-1-5　倒角和补绘线段

3. 绘制卧室平开门

（1）单击"修改"工具栏上的"偏移"工具，将卧室图形左上角门洞处的垂直墙线向右偏移，得到门套轮廓线，偏移距离分别为"18"和"32"，如图3-1-6所示。

图 3-1-6　偏移门套线

（2）通过捕捉端点的方式，绘制两条直线，如图3-1-7所示。

图 3-1-7　补绘两条直线

（3）绘制外侧门套线，尺寸如图 3-1-8 所示。

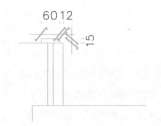

图 3-1-8　绘制外侧门套线

（4）单击"修改"工具栏上的"镜像"工具，选中刚绘制的外侧门套线，指定镜像线的第一点和第二点为两条垂直线的中点，完成镜像操作，如图 3-1-9 所示。

镜像线的两个点取垂直线的中点

图 3-1-9　镜像复制外侧门套线

（5）单击"修改"工具栏上的"镜像"工具，选中左边的门套线，指定镜像线的第一点和第二点为水平线中点和极轴上的任意一点，完成镜像操作，如图 3-1-10 所示。

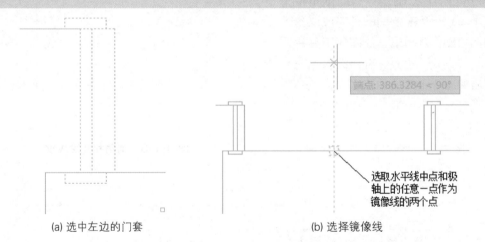

端点: 386.3284 < 90°

选取水平线中点和极轴上的任意一点作为镜像线的两个点

(a) 选中左边的门套　　　　　　(b) 选择镜像线

图 3-1-10　镜像复制门套

（6）修剪门套中间的水平线，再绘制一条长度为"800"的垂直线段，如图 3-1-11 所示。

提示：图 3-1-11 中长度为 800 的线段，其高度有缩减，请实际操作时按长度 800 的尺寸绘制。

图 3-1-11　绘制垂直线段

（7）将刚绘制的垂直线段向右
偏移，偏移距离为"40"，再补绘
一条直线，如图 3-1-12 所示。

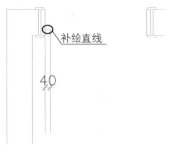

图 3-1-12　偏移垂直线段

（8）绘制圆弧，选择"起点、
圆心、角度"选项，角度值为
"90°"，完成后如图 3-1-13 所示。

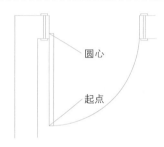

图 3-1-13　绘制圆弧

4. 绘制衣橱

（1）单击"绘图"工具栏上的
"直线"工具，绘制如图 3-1-14 所示
的线段（衣橱尺寸为 2050×600）。

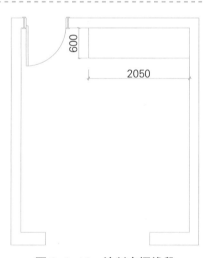

图 3-1-14　绘制衣橱线段

（2）将衣橱的两条垂直线段
向内各偏移"50"，下方水平线段
向上偏移两次，距离为"25"，再
捕捉衣橱水平线段中点并绘制一
条垂直线段，如图 3-1-15 所示。

图 3-1-15　偏移线段并绘制垂直中线

（3）将垂直中线左右各偏移"325"，得到平移门衣橱三扇门的定位线。再将最上面的水平线段向上偏移，偏移距离为"5"，如图3-1-16所示。

(a) 偏移中线　　　　　(b) 偏移水平线段

图 3-1-16　偏移垂直中线和水平线

（4）将两条衣橱定位线向左、右各偏移"25"，并删除垂直中心线，如图3-1-17所示。

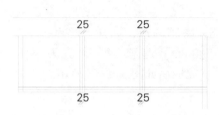

图 3-1-17　偏移衣橱定位线并删除垂直中心线

（5）单击"修改"工具栏上的"修剪"工具，如图3-1-18所示完成修剪。

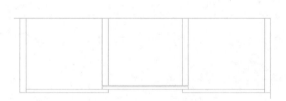

图 3-1-18　修剪衣橱

（6）绘制水平中线，并通过两个中点，如图3-1-19所示。

图 3-1-19　绘制水平中线

（7）将刚绘制的水平中线向上、向下各偏移"10"，如图3-1-20所示。

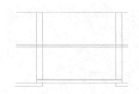

图 3-1-20　偏移中线

（8）修剪线段，完成衣架挂架的绘制，如图 3-1-21 所示。

图 3-1-21　修剪挂架线段

5. 绘制衣架

（1）确认当前图层为 0 层。单击"绘图"工具栏上的"多段线"工具，指定起点为左下角点，输入"a"，开始绘制圆弧，再输入"s"，指定圆弧上的第二个点为中间点，指定圆弧的端点为右下角点，再连续操作完成衣架的绘制，如图 3-1-22 所示。最后将衣架顺时针旋转"90°"。

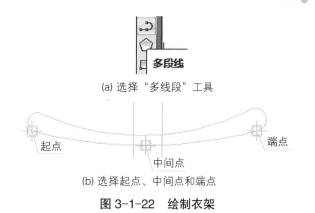

(a) 选择"多线段"工具

(b) 选择起点、中间点和端点

图 3-1-22　绘制衣架

（2）单击"绘图"工具栏上的"创建块"工具，输入名称为"衣架"，基点处点击"拾取点"按钮并选取衣架的中心点，对象处点击"选择对象"按钮并选取衣架，按确定按钮，如图 3-1-23 所示。

(a) 选择"创建块"工具

(b) 选择基点和对象

图 3-1-23　创建块

（3）单击"绘图"工具栏上的"插入块"工具，名称处选择"衣架"并按"确定"按钮，完成一个衣架图块的插入，如图 3-1-24 所示。

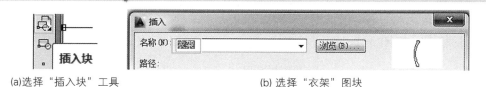

(a)选择"插入块"工具

(b)选择"衣架"图块

图 3-1-24　插入块

（4）利用"复制"命令完成对若干个衣架的绘制，如图 3-1-25 所示。

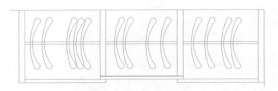

图 3-1-25　复制衣架

（5）单击"修改"工具栏上的"旋转"工具，将部分衣架进行适当旋转，完成衣橱的绘制，如图 3-1-26 所示。保存文件并将文件命名为"卧室-衣橱.dwg"。

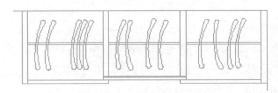

图 3-1-26　旋转衣架

相关知识与技能

1. 多段线的绘制

在 AutoCAD 2014 中，"多段线"是一种非常有用的线段对象，它是由多段直线段或圆弧段组成的一个组合体，既可以一起编辑，也可以分别编辑，还能具有不同的宽度，如图 3-1-27 所示。

执行"绘图/多段线"命令，或在"绘图"工具栏中点击"多段线"按钮，即可绘制多段线。在默认情况下，当指定多段线另一端点的位置后，将从起点到该点绘一段多段线。另外，可以执行"修改/对象/多段线"命令，调用二维多段线编辑命令。

图 3-1-27　多段线示例

2. 块的使用

在绘制图形时，如果图形中有大量相同或相似的内容，或者所绘制的图形与已有的图形文件相同，则可以把要重复绘制的图形创建成块（也称为图块），并根据需要为块创建属性，指定块的名称、用途及设计者等信息。在需要时可直接插入块，从而提高绘图效率。

（1）创建块：执行"绘图/块/创建"命令，打开"块定义"对话框，可以将已绘制的对象创建为块，如图 3-1-28 所示。

（2）插入块：执行"插入/块"命令，打开"插入"对话

图 3-1-28　"块定义"对话框

框，如图 3-1-29 所示。通过它，我们可以在图形中插入块或其他图形，并且在插入块的同时还可以改变所插入块或图形的比例与旋转的角度。

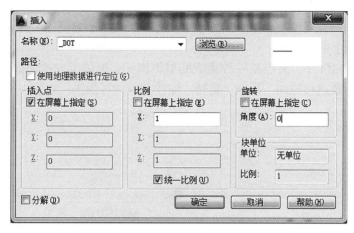

图 3-1-29 "插入"对话框

（3）存储块：在 AutoCAD 2014 中，使用"WBLOCK"（存储块）命令可以将块以文件的形式写入磁盘。执行"WBLOCK"命令，打开"写块"对话框，如图 3-1-30 所示。"创建块"为文件内部使用，"存储块"则能应用到其他文件中。

（4）创建并使用带有属性的块：执行"绘图 / 块 / 定义属性"命令，可以打开"属性定义"对话框并创建块属性，如图 3-1-31 所示。

图 3-1-30 "写块"对话框

图 3-1-31 "属性定义"对话框

夹点

在选择对象时，在对象上会显示出若干个小方框，这些小方框用来标记被选中对象的夹点，夹点就是对象上的控制点。

在 AutoCAD 2014 中，夹点是一种集成的编辑模式，提供了方便快捷的编辑操作途径。使用夹点可以对对象进行拉伸、移动、旋转、缩放和镜像等操作，如图 3-1-32 所示。

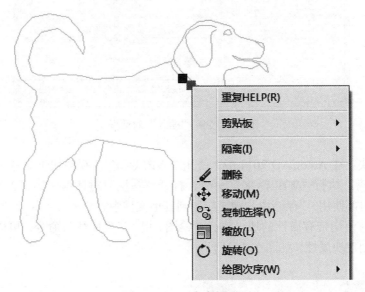

图 3-1-32　夹点操作

思考与练习

请绘制推拉门衣橱轮廓尺寸，如图 3-1-33 所示。衣架要求用多段线绘制，并创建图块。

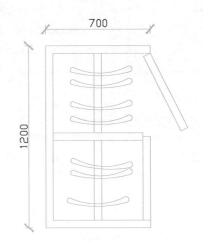

图 3-1-33　推拉门衣橱的轮廓尺寸图

任务描述

有人说：人一生有三分之一的时间是在床上度过的。由此可见，床是人们现代家居生活中不可缺少的伴侣之一，如图 3-2-1 所示。

本任务通过绘制床、床头柜、枕头、被子和地毯的平面图，来学习样条曲线命令，巩固圆弧、修剪、镜像、填充等命令的操作方法，如图 3-2-2 所示。

图 3-2-1　床

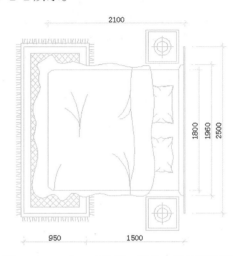

图 3-2-2　床、床头柜、枕头、被子平面图

【任务分析】

本任务要求绘制床、床头柜、枕头、被子和地毯，由于图形复杂，有关尺寸可参照图 3-2-2 和方法与步骤中描述的内容。未提供尺寸的部分图形（如：枕头、被子等），请根据所给图形大小自行估算。主要操作步骤如下：

（1）用"直线"命令绘制水平线段和垂直线段，用"偏移"命令得到床、床头柜的基本形状。

（2）用"圆弧"和"样条曲线"命令绘制枕头和被子。

（3）用"直线"和"偏移"命令绘制地毯，再用"图案填充"命令完成地毯的制作。

1. 绘制床的基本形状

（1）打开任务一中绘制的"卧室-衣橱.dwg"文件。运用"直线"工具绘制卧室床的中心定位线，长度为"2100"，如图3-2-3所示。

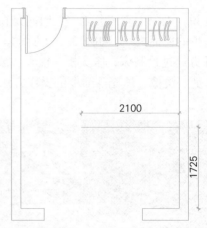

图3-2-3　绘制中心定位线

（2）单击"修改"工具栏上的"偏移"工具，将水平定位线向上、向下各偏移两次，偏移距离分别为"900"和"1250"，如图3-2-4所示。

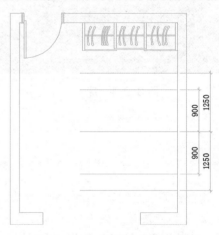

图3-2-4　偏移中心定位线

（3）捕捉端点，绘制床脚位置的垂线。将该垂线向右偏移，偏移距离分别为"1752"、"252"和"80"，如图3-2-5所示。

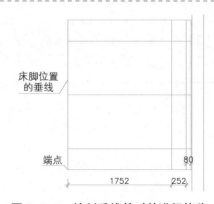

图3-2-5　绘制垂线并对其进行偏移

（4）运用"直线"和"圆"命令绘制床头柜和台灯，台灯的半径值分别为"80"和"130"，如图3-2-6所示。

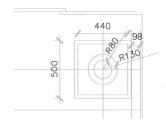

图 3-2-6　绘制床头柜和台灯

（5）运用"镜像"命令对床头柜和台灯作镜像处理，如图 3-2-7 所示。

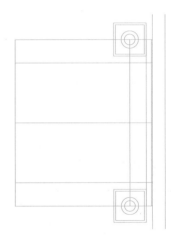

图 3-2-7　床头柜和台灯的镜像处理

（6）对床脚进行圆角处理，半径值为"100"。再在床头绘制两个圆，半径值为"80"，如图3-2-8所示。

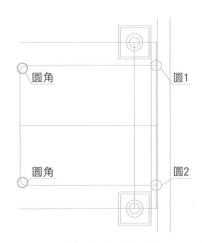

图 3-2-8　对床脚进行圆脚处理并绘制圆

（7）修剪图形，删除不需要的辅助线，并补绘床头柜中心线，如图3-2-9所示。

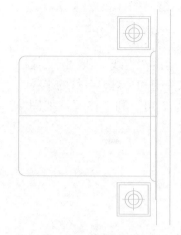

图 3-2-9　修剪图形并补绘中心线

2. 绘制枕头和被子

（1）关闭"对象捕捉"功能。单击"绘图"工具栏上的"样条曲线"工具，绘制枕头曲线，如图3-2-10所示。将枕头旋转并放在适当的位置。

(a)"样条曲线"工具　　　　　(b) 枕头效果图

图 3-2-10　绘制枕头

（2）单击"绘图"工具栏上的"样条曲线"工具，绘制被子。再对枕头进行修剪，如图3-2-11所示。

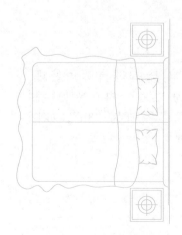

图 3-2-11　绘制被子

（3）单击"绘图"工具栏上的"圆弧"工具，绘制被子上的几条弧线，如图3-2-12所示。

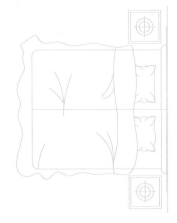

图 3-2-12　绘制被子上的弧线

3. 绘制地毯

（1）单击"修改"工具栏上的"偏移"工具，将床头的一条直线向左偏移两次，偏移距离分别为"1500"和"950"，如图3-2-13所示。

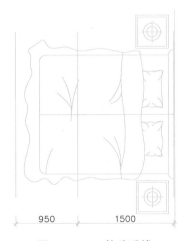

图 3-2-13　偏移垂线

（2）补绘上下两条水平直线。将四条直线向外偏移"50"，再向内偏移"100"，如图3-2-14所示。

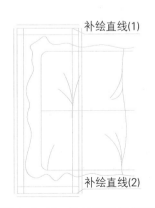

图 3-2-14　补绘直线并偏移

（3）单击"修改"工具栏上的"倒角"工具，完成外框直线的倒角处理。再用修剪工具进行修剪，完成后如图 3-2-15 所示。

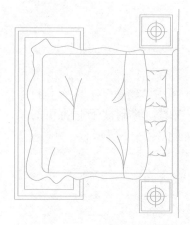

图 3-2-15　倒角和修剪处理

（4）用"直线"工具和"复制"工具完成地毯流苏的绘制，如图 3-2-16 所示。

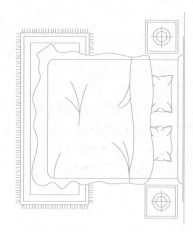

图 3-2-16　绘制地毯流苏

（5）单击"绘图"工具栏上的"图案填充"工具，设置图案为"ANSI37"，设置比例为"20"，单击"添加：拾取点"按钮，在地毯内的空白处单击并按回车键，再单击"确定"按钮，完成对地毯图案的填充，效果如图 3-2-17 所示。保存文件并将文件命名为"卧室-床 .dwg"。

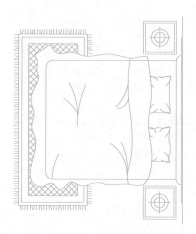

图 3-2-17　地毯的图案填充

相关知识与技能

1. 绘制、编辑样条曲线

样条曲线是一种通过或接近指定点的拟合曲线，适用于表达具有不规则变化曲率半径的曲线。图 3-2-18 所示的是运用"样条曲线"命令绘制的一组沙发图形。

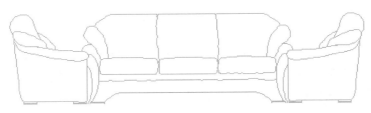

图 3-2-18　样条曲线绘制的图形

执行"绘图 / 样条曲线"命令，或在"绘图"工具栏中单击"样条曲线"按钮，即可绘制样条曲线。执行"修改 / 对象 / 样条曲线"命令，或在"修改Ⅱ"工具栏（可通过"工具 / 工具栏 /AutoCAD/ 修改Ⅱ"命令调出）中单击"编辑样条曲线"按钮，即可编辑选中的样条曲线。

2. 绘制修订云线

在 AutoCAD 2014 中，检查或用红线圈阅图形时，可以使用修订云线功能进行标记，以提高工作效率。

执行"绘图 / 修订云线"命令，或在"绘图"工具栏中单击"修订云线"按钮，可以绘制一个云彩形状的图形，它是由连续圆弧组成的多段线，如图 3-2-19 所示。

(a)　"修订云线"工具　　　　　　　　　　　　(b) 修订云线示例

图 3-2-19　绘制修订云线

拓展与提高

1. 绘制射线

射线是指一端固定，另一端无限延伸的直线。执行"绘图 / 射线"命令，指定射线的起点和通过点即可绘制一条射线。在 AutoCAD 2014 中，射线主要用于绘制辅助线。

指定射线的起点后，可在"指定通过点："提示下指定多个通过点，绘制以同一起点为端点的多条射线，直到按 Esc 键或回车键退出为止，如图 3-2-20 所示。

图 3-2-20 绘制射线

2. 绘制构造线

构造线是指两端可以无限延伸的直线，它没有起点和终点，可以放置在三维空间的任何地方，主要用于绘制辅助线。执行"绘图／构造线"命令，或在"绘图"工具栏中单击"构造线"按钮，即可绘制构造线，如图 3-2-21 所示。

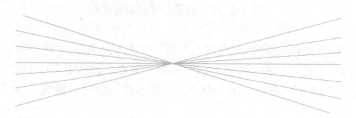

图 3-2-21 绘制构造线

思考与练习

请运用"直线"、"圆弧"、"样条曲线"、"偏移"、"圆角"等命令绘制如图 3-2-22 所示的床图形，其中未提供尺寸的部分图形（如：枕头、被子等），请根据所给图形大小自行估算。

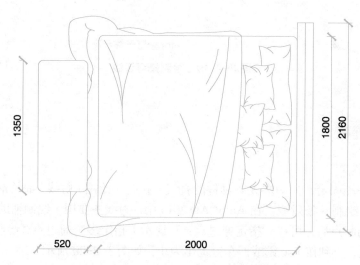

图 3-2-22 绘制床、枕头、被子等图形

任务三　文字的注写

 任务描述

本任务先通过绘制电视柜、梳妆台、移门和地板，再进行图内装修所用材料的文字注写，同时对卧室布局设计进行简单的说明，来学习卧室的布局分析，掌握文字样式设置、文字注写等操作技能，如图 3-3-1 所示。

地铺金檀木地板　　　胡桃木床靠背
米黄色艺术地毯　　　樱桃木贴面衣橱

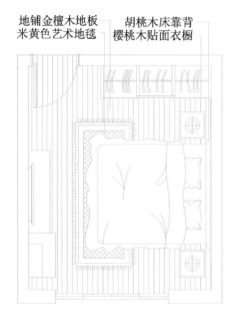

设计说明：
1.本设计图纸签章有效；此设计图纸及文档的知识产权归我司所有，未经许可不得复制。
2.不可按比例量度图纸；若标注尺寸与现场尺寸不符时，应以现场尺寸为准。
3.施工中发现图纸矛盾或未明了处，须及时与设计人员联系。
4.该图纸为施工图纸，双方（设计方和甲方）签字认可后方可施工。

图 3-3-1　卧室的文字注写图

 [任务分析]

本任务要求在已绘制好衣橱和床的卧室中绘制电视柜、门等图形，再用文字表现卧室装修所用的材料，同时对室内装饰设计注意事项进行简单的说明。主要操作步骤如下：

（1）用"直线"和"圆弧"工具绘制基本图形。

（2）对地板进行"图案填充"。

（3）设置文字样式，并进行文字注写。

1. 绘制电视柜和梳妆柜

（1）打开任务二中绘制的"卧室－床.dwg"文件，从地毯线段的中点向左绘制一条水平线，如图3-3-2所示。

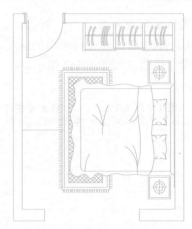

图 3-3-2　绘制水平线

（2）将刚绘制的水平中线向上做偏移，偏移距离分别为"460"、"60"、"40"、"240"。将水平中线向下偏移，偏移距离分别为"700"和"800"，如图3-3-3所示。

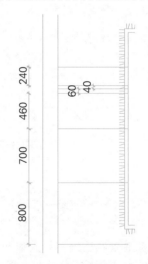

图 3-3-3　偏移水平中线

（3）从刚才偏移的最下方直线与内墙线交点引线，绘制两条直线，距离内墙线间隔为"250"。第一条直线的高度为"600"，然后再向左绘制直线并与上面一条水平线相交，完成梳妆柜线条的绘制，如图3-3-4所示。

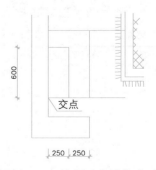

图 3-3-4　绘制垂直线段（1）

（4）绘制四条垂直线段，间距分别为"54"、"11"、"34"和"302"，如图3-3-5所示。

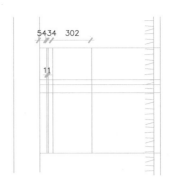

图 3-3-5　绘制垂直线段（2）

（5）补绘一条斜线并修剪图形，完成后如图3-3-6所示。

补绘斜线

图 3-3-6　补绘斜线并修剪图形

（6）镜像电视和电视柜图形，并删除电视柜水平中心线，修剪多余线条，如图3-3-7所示。

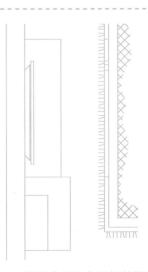

图 3-3-7　镜像电视和电视柜并修剪线条

2. 绘制移门

（1）单击"直线"工具，在卧室通向阳台处绘制移门的水平中心线，如图3-3-8所示。

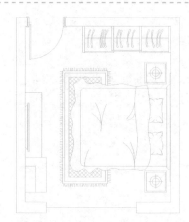

图 3-3-8　绘制移门水平中心线

（2）单击"偏移"工具，将刚绘制的水平中线向上、向下各偏移两次，偏移距离分别为"40"和"50"，如图3-3-9（a）所示。再将移门处的垂直直线做水平方向偏移，偏移距离为"525"，如图3-3-9（b）所示。

（a）水平中线偏移

（b）垂直直线偏移

图 3-3-9　偏移移门的水平中线和垂直线段

（3）单击"修剪"工具并直接按回车键，单击需要修剪掉的线段，完成移门的图形绘制，如图3-3-10所示。

图 3-3-10　修剪移门线段

（4）选中上、下两条水平线，在"线型控制"工具栏的下拉列表中选择一种虚线线型，将其表示为移门的门框，如图3-3-11所示。

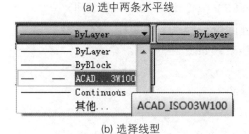

（a）选中两条水平线

（b）选择线型

图 3-3-11　将门框线改为虚线

3. 填充图案

（1）运用"直线"工具绘制卧室左上方门洞的连接线，将卧室图形封闭起来，如图3-3-12所示。

图 3-3-12　绘制门洞上的连接线

（2）单击"绘图"工具栏上的"图案填充"工具，设置图案为"LINE"，角度为"90°"，设置比例为"30"，单击"添加：拾取点"按钮，在卧室地板的空白处单击并按回车键，再单击"确定"按钮，如图3-3-13所示。

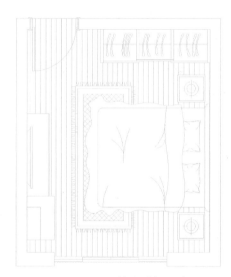

图 3-3-13　填充地板图案

4. 文字注写

（1）执行"格式/文字样式"命令，在"文字样式"对话框中点击"新建"按钮，将样式名改为"汉字"，如图3-3-14所示。

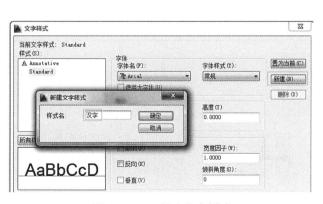

图 3-3-14　新建文字样式

（2）将字体设置为"宋体"，高度设置为"150"，宽度因子为"0.9"，按"应用"按钮，如图3-3-15所示。

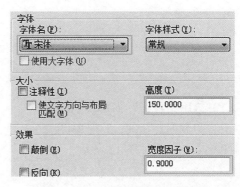

图 3-3-15 设置字体格式参数

（3）如图3-3-16所示绘制若干条直线。

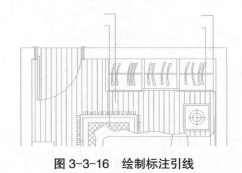

图 3-3-16 绘制标注引线

（4）单击"绘图"工具栏上的"多行文字"工具，在图形中依次输入如图3-3-17所示的文字。

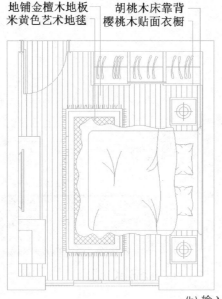

地铺金檀木地板
米黄色艺术地毯
胡桃木床靠背
樱桃木贴面衣橱

设计说明：
1.本设计图纸签章有效；此设计图纸及文档的知识产权归我司所有，未经许可不得复制。
2.不可按比例量度图纸；若标注尺寸与现场尺寸不符时，应以现场尺寸为准。
3.施工中发现图纸矛盾或未明了处，须及时与设计人员联系。
4.该图纸为施工图纸，双方（设计方和甲方）签字认可后方可施工。

(a) "多行文字"工具

(b) 输入文字

图 3-3-17 最终效果图

文字对象是 AutoCAD 2014 中很重要的图形元素，是建筑制图和工程制图中不可缺少的组成部分。在一个完整的图样中，通常都包含一些文字注释来标注图样中的一些非图形信息，如：建筑工程图形中的技术要求、装配说明以及工程制图中的材料说明、施工要求等。

1. 创建文字样式

在 AutoCAD 2014 中，所有文字都有与之相关联的文字样式。文字样式包括"字体"、"样式"、"高度"、"宽度因子"、"倾斜角度"、"颠倒"、"反向"以及"垂直"等参数。

执行"格式 / 文字样式"命令，打开"文字样式"对话框，利用该对话框可以修改或创建文字样式，并设置文字的当前样式，如图 3-3-18 所示。

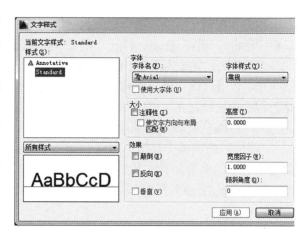

图 3-3-18 "文字样式"对话框

2. 创建单行文字

在 AutoCAD 2014 中，"文字"工具栏可以创建和编辑文字。对于单行文字来说，每一行都是一个文字对象。执行"绘图 / 文字 / 单行文字"命令，或在"文字"工具栏中单击"单行文字"按钮，可以创建单行文字对象。

单行文字可进行单独编辑。单行文字的编辑包括文字的内容、对正方式及缩放比例，可以执行"修改 / 对象 / 文字"命令进行设置。

3. 创建多行文字

多行文字又称为段落文字，是一种更易于管理的文字对象，可以由两行以上的文字组成，而且各行文字都是作为一个整体处理。执行"绘图 / 文字 / 多行文字"命令，或在"绘图"工具栏中单击"多行文字"按钮，然后在绘图窗口中指定一个用来放置多行文字的矩形区域，打开"文字格式"工具栏和文字输入窗口。利用"文字格式"工具栏可以设置多行文字的样式、字体及大小等属性，如图 3-3-19 所示。

图 3-3-19 "文字格式"工具栏

要编辑所创建的多行文字，可执行"修改 / 对象 / 文字 / 编辑"命令，并单击创建的多行文字，打开多行文字编辑窗口，然后参照多行文字的设置方法修改和编辑文字。也可以在绘图窗口中双击输入的多行文字，或在输入的多行文字上右击，从弹出的快捷菜单中选择"重复编辑多行文字"命令或"编辑多行文字"命令，打开多行文字编辑窗口。

对象特性包含一般特性和几何特性。一般特性包括对象的颜色、线型、图层及线宽等；几何特性包括对象的尺寸和位置。我们可以直接在"特性"选项板中设置和修改对象的特性。

1. 打开"特性"选项板

执行"修改 / 特性"命令，或执行"工具 / 选项板 / 特性"命令，也可以在"标准"工具栏中单击"特性"按钮，打开"特性"选项板。

"特性"选项板默认处于浮动状态。在"特性"选项板的标题栏上右击，将弹出一个快捷菜单，可通过该快捷菜单确定是否隐藏选项板，是否在选项板内显示特性的说明部分以及是否将选项板锁定在主窗口中。

2. "特性"选项板的功能

"特性"选项板中显示了当前选择集中对象的所有特性和特性值，当选中多个对象时，将显示它们的共有特性。我们可以通过该选项板浏览、修改对象的特性，也可以通过它浏览、修改满足应用程序接口标准的第三方应用程序对象。图 3-3-20 为"特性"选项板。

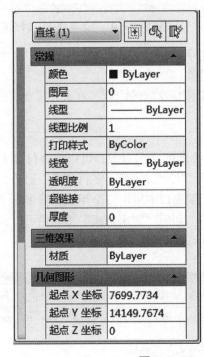
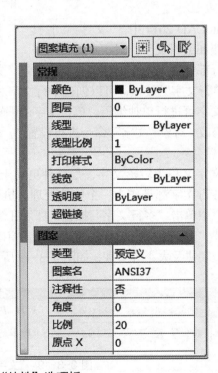

图 3-3-20 "特性"选项板

打开"项目三 / 练习 / 文字注写 .dwg"文件，如图 3-3-21 所示完成文字的注写。

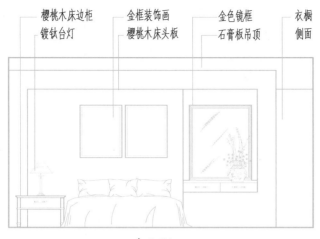

樱桃木床边柜　　金框装饰画　　金色镜框　　衣橱
镀钛台灯　　　　樱桃木床头板　　石膏板吊顶　　侧面

△ 立面图

图 3-3-21　文字注写样图

项目实训三　　餐厅的绘制

项目描述

　　餐厅是现代家居环境中的一个重要的组成部分。餐厅的装潢宜采用暖色系，这有利于促进人们的食欲，如图 3-4-1 所示。

　　本实训要求绘制一间餐厅的平面图，请根据图 3-4-2 所示的尺寸正确完成图形的绘制。未提供尺寸的图形请根据图形大小自行估计。

图 3-4-1　餐厅

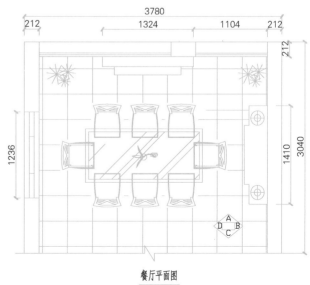

餐厅平面图

图 3-4-2　餐厅平面图

- 熟练运用绘图命令和编辑命令。
- 掌握图块和文字工具的操作方法。
- 具有 CAD 图形绘制的一般技能。
- 提高识图能力。

步骤提示

（1）新建图形文件，并确定图形界限的大小和精度。

（2）运用"直线"和"偏移"工具绘制基本形状。用"修剪"工具完成图形的裁剪。用"圆"工具绘制灯具图形，如图 3-4-3 所示。

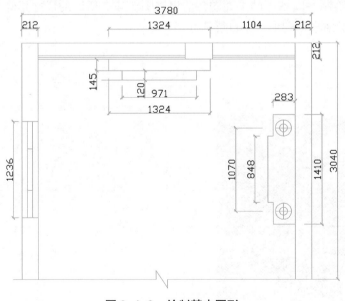

图 3-4-3　绘制基本图形

（3）运用"直线"、"圆"和"圆弧"工具绘制花卉图形，将其分别定义为图块"装饰树"和"花瓶"，如图3-4-4所示。

图3-4-4　绘制花卉

（4）用"直线"和"圆弧"工具绘制椅子图形，并将其定义为图块"餐椅"，如图3-4-5所示。

图3-4-5　绘制餐椅

（5）插入图块"餐椅"，复制并旋转图块，将其排列整齐，如图3-4-6所示。

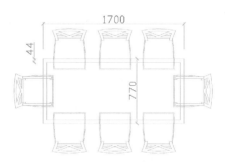

图3-4-6　复制并旋转餐椅

（6）用"绘图"工具栏上的"图案填充"工具，绘制餐厅的地面瓷砖效果和餐桌的玻璃效果。再用"直线"工具绘制右下角的菱形图形，如图3-4-7所示。

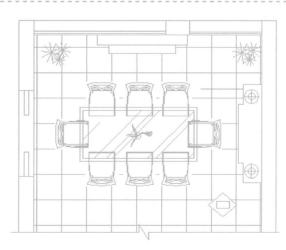

图3-4-7　填充图案并绘制菱形图形

（7）用"绘图"工具栏上的"文字"工具，绘制文字"餐厅平面图"和"A"、"B"、"C"、"D"，完成图形的绘制，如图3-4-8所示。

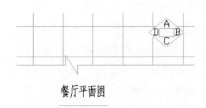

餐厅平面图

图3-4-8 标注文字并完成绘制

项目评价

项目实训评价表

内容		评		价	
学习目标	评价项目	4	3	2	1
熟练运用绘图命令和编辑命令	能熟练运用绘图命令				
	能熟练运用编辑命令				
掌握图块和文字工具的操作	能进行图块操作				
	能设置文字样式				
	能进行文字注写				
具有CAD图形绘制的一般技能	能独立依据尺寸正确绘图				
	能依样张正确估计图形大小				
交流表达能力					
与人合作能力					
沟通能力					
组织能力					
活动能力					
解决问题的能力					
自我提高的能力					
革新、创新的能力					
综合评价					

（职业能力：熟练运用绘图命令和编辑命令、掌握图块和文字工具的操作、具有CAD图形绘制的一般技能；通用能力：交流表达能力至革新、创新的能力）

项目四 装饰平面图的绘制

室内设计是对建筑内部空间的环境设计。设计师根据空间的使用性质，运用物质技术手段，创造出功能合理、舒适、美观、符合人的生理和心理需求的理想场所，如图4-0-1所示。

装饰平面图一般包含原结构测量图、拆除墙体图、新建墙体图、平面布置图、地面铺装图、顶面布置图、立面图、强电布置图、弱电布置图等。本项目将通过三个任务，来完成装饰平面图的绘制，如图4-0-2所示。

图 4-0-1 室内设计局部效果图

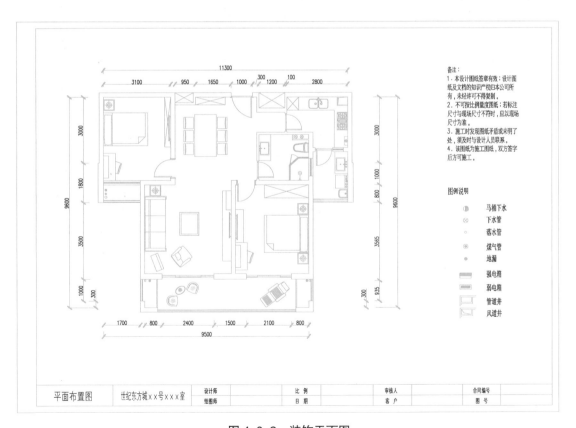

图 4-0-2 装饰平面图

- 掌握图块和图层的操作方法。
- 掌握文字和填充工具的操作方法。
- 能进行尺寸标注样式的设置和标注操作。
- 能将绘制的图形进行模型空间打印输出。

任务一　新建墙体图的绘制

任务描述

装修开始之前，设计师将上门对居室进行测量，然后给出 CAD 装饰设计图。设计师需要与业主沟通，然后修改图纸，最终完成定稿并进入正式的施工环节，如图 4-1-1 所示。

绘制装饰平面图的第一步是绘制墙体设计图。墙体设计图包括原结构测量图、拆除墙体图和新建墙体图。设计师会在这些图纸的基础上再进行平面布置图、地面铺装图、顶面布置图、灯位布置图、强电布置图、弱电布置图等图纸的绘制。

在每次使用 AutoCAD 制图前，设计师都要进行一些类似图层设置等的重复工作。为了提高绘图效率，设计师一般会建立一套样板文件。样板文件包含许多共性内容，如：图层、文字样式、标注样式、线型、线条粗细、图框、图标规格、打印样式等。

图 4-1-1　新建墙体

本任务通过绘制建筑图样板文件、拆除墙体图和新建墙体图，来学习建立图层、文字样式、尺寸样式以及绘制图框和标题栏的操作方法。图 4-1-2 所示为原结构测量图，图 4-1-3 所示为新建墙体图。

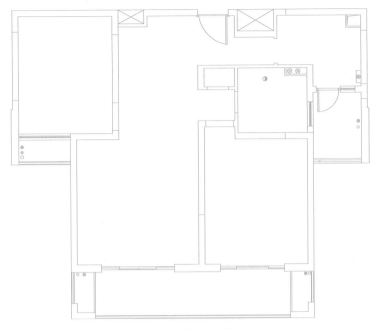

图 4-1-2 原结构测量图

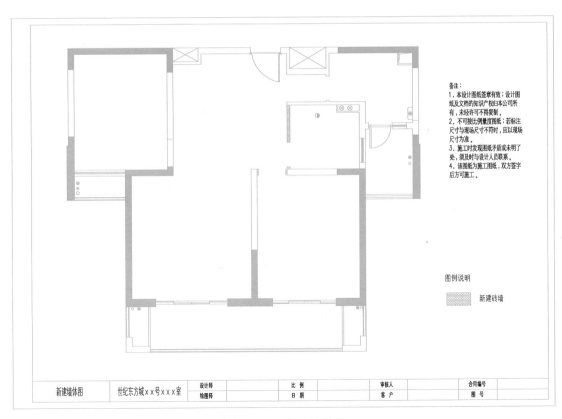

图 4-1-3 新建墙体图

备注：为了使教材能清晰地显示新建墙体图形，图 4-1-3 中对图框整体大小进行了缩小，实际效果请根据操作步骤中的要求进行绘制。

【任务分析】

本任务要求创建建筑图样板文件，并绘制拆除墙体图和新建墙体图，主要操作步骤如下：

（1）建立图层、文字样式、尺寸样式，并保存为样板文件"建筑图样板文件.dwt"。

（2）打开一个利用该样板文件绘制的图形"原结构测量图.dwg"文件，在图形中绘制 A3 幅面横式图框和标题栏，并将图框和标题栏转换为图块。

（3）将该图块放大 60 倍，移动到原结构测量图区域，并完成原结构图墙体渐变色填充。

（4）复制图框、标题栏和原结构测量图。在此基础上修改，绘制出拆除墙体图和新建墙体图。

（5）图形绘制完成后保存为"装饰平面图 – 墙体.dwg"文件。

本任务由于图形较大，为了能清晰显示，原结构测量图中没有标注尺寸。

方法与步骤

1. 新建文件

（1）执行"文件 / 新建"命令，或在"标准"工具栏中单击"新建"按钮，创建新图形文件。

（2）执行"格式 / 单位"命令，设置绘图时使用的长度单位、角度单位，以及单位的显示格式和精度等参数。

2. 设置图层

（1）单击工具栏上的"图层特性管理器"，如图 4-1-4 所示。

图 4-1-4　图层特性管理器

（2）单击"新建图层"按钮，如图 4-1-5 所示建立 10 个图层，并设置图层名称、线型、颜色等。

提示：0 层和 DEFPOINTS 图层为系统自带图层，是自动创建的，如图 4-1-5 所示。

名称	开	冻结	锁定	颜色	线型	线宽
0	○	○	○	■白	Continuous	—— 默认
DEFPOINTS	○	○	○	■白	Continuous	—— 默认
标住-文字	○	○	○	■红	Continuous	—— 默认
厨卫	○	○	○	■250	Continuous	—— 默认
管道	○	○	○	■蓝	Continuous	—— 默认
家具	○	○	○	■250	Continuous	—— 默认
栏杆	○	○	○	□黄	Continuous	—— 0.15 毫米
门窗	○	○	○	■绿	Continuous	—— 默认
墙线	○	○	○	■250	Continuous	—— 0.30 毫米
填充线	○	○	○	■250	Continuous	—— 默认
图框线	○	○	○	□255	Continuous	—— 0.09 毫米
虚线	○	○	○	□255	HIDDEN2	—— 默认

图 4-1-5　创建图层

（3）执行"格式/线型"命令，点击"加载"按钮，选中线型"HIDDEN2"，再单击"显示细节"按钮，设置全局比例因子为"10"，按"确定"按钮，如图 4-1-6 所示。

图 4-1-6　打开"线型管理器"设置线型

3. 设置文字样式和标注样式

（1）执行"格式 / 文字样式"命令，新建文字样式"文字－宋体"，将字体改为"宋体"，用于图形中的文字标记。运用相同的方法新建文字样式"文字－黑体"，将字体改为"黑体"，用于图形中的备注文字和标题栏中的说明文字，如图 4-1-7 所示。

(a) 新建"宋体"样式

(b) 新建"黑体"样式

图 4-1-7　新建文字样式（1）

（2）执行"格式/文字样式"
命令，新建文字样式"数字"。字
体改为"romans.shx"，用于尺寸标
注和书写字母，如图4-1-8所示。

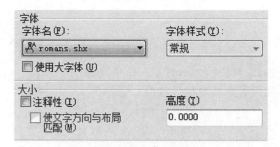

图4-1-8　新建文字样式（2）

（3）执行"格式/标注样式"
命令，创建新标注样式。样式名为
"建筑尺寸"，如图4-1-9所示。

提示：本任务只做尺寸标注
样式的建立，尺寸标注的具体操作
步骤在任务二中有详细介绍。

图4-1-9　创建标注样式

（4）点击"继续"按钮，选择
"符号和箭头"选项卡，设置"符
号和箭头"中的"箭头"为"建筑
标记"，引线为"点"，如图4-1-10
所示。

图4-1-10　设置"符号和箭头"

（5）选择"文字"选项卡，设
置文字样式为"数字"，文字高度
为"3"，如图4-1-11所示。

提示：文字高度设置为"3"
是指今后实际打印在图纸上的高度
值为"3"。

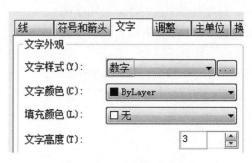

图4-1-11　设置"文字"

（6）选择"调整"选项卡，设置"调整"中的"使用全局比例"为"100"，如图 4-1-12 所示。

提示：① 建筑制图常用 1：100 的比例，这里先按此比例设置默认值，以后可在不同的应用场合再进行调整；② 按 1：100 出图时，所有图形（包含标注文字）都会缩小 100 倍，所以在标注时利用全局比例 100 抵消了缩小的问题。

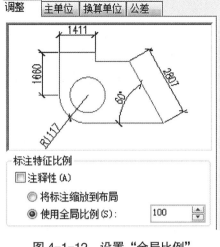

图 4-1-12　设置"全局比例"

（7）选择"主单位"选项卡，设置"主单位"中的"精度"为"0"并按"确定"按钮，如图 4-1-13 所示。

图 4-1-13　设置"主单位"

4. 保存样板文件

（1）执行"文件 / 另存为"命令，将文件命名为"建筑图样板文件"，文件类型改为"AutoCAD 图形样板（*.dwt）"，如图 4-1-14 所示。

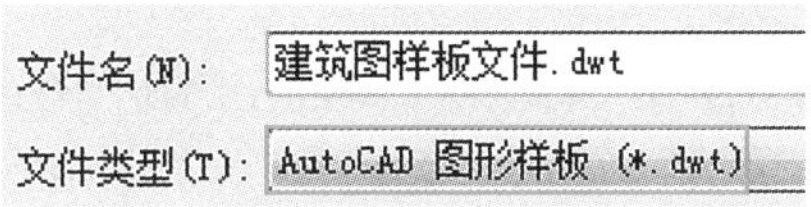

文件名(N):　建筑图样板文件.dwt

文件类型(T):　AutoCAD 图形样板（*.dwt）

图 4-1-14　另存为文件（1）

（2）如图 4-1-15 所示输入样板说明，按"确定"按钮。

图 4-1-15　另存为文件（2）

5. 原结构测量图填充墙线

（1）打开"项目四\任务一\原结构测量图.dwg"文件，如图4-1-16所示。原结构测量图是设计师上门测绘后绘制出来的房屋结构图。

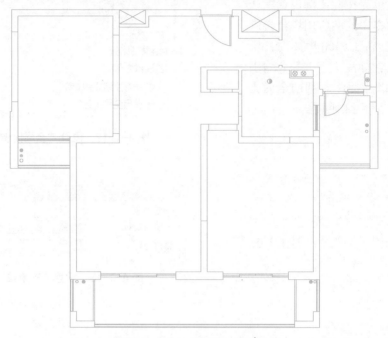

图4-1-16　原结构测量图

（2）单击"绘图"工具栏中的"图案填充"工具，选择"渐变色"选项卡，设置颜色为"单色"，选择"黑色"，调节明暗到"暗"，如图4-1-17所示。

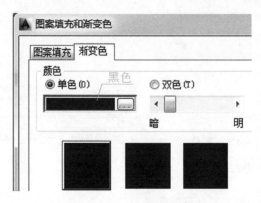

图4-1-17　设置图案填充

（3）选择"添加：拾取点"按钮，选中要填充黑色的墙线并按回车键，按"确定"按钮，如图4-1-18所示。

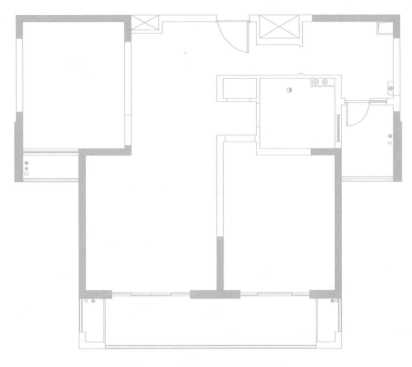

图4-1-18　将墙线填充为黑色

6. 绘制图框

（1）运用"直线"命令在屏幕空白处绘制420×297的图框（A3横排）。将四条直线向内侧分别偏移"5"和"15"（本图不设置会签栏），如图4-1-19所示。

提示：该图框比原结构测量图小很多，之后可以通过"缩放"工具放大。

图4-1-19　绘制图框

（2）点击工具栏上的"图层特性管理器"按钮，鼠标右击"图框线"图层，选择"置为当前"，将"图框线"图层切换为当前图层，按图示尺寸绘制线条，如图4-1-20所示。

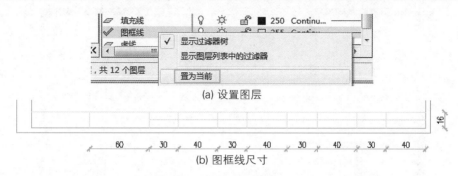

(a) 设置图层

(b) 图框线尺寸

图 4-1-20　绘制线条

（3）将"标注–文字"图层切换为当前图层。选择工具栏的"文字样式控制"下拉框，将文字样式"文字–黑体"置为当前样式，字高设置为"5"，输入文字。文字依次为"原结构测量平面图"；"世纪东方城××号×××室"。将文字样式"文字–宋体"置为当前，输入文字，字高为"3"。文字依次为"设计师"、"比例"、"审核人"、"合同编号"、"绘图师"、"日期"、"客户"、"图号"，如图4-1-21所示。

(a) 选择"文字样式"

| 原结构测量平面图 | 世纪东方城xx号xxx室 | 设计师 | | 比　例 | | 审核人 | | 合同编号 | |
| | | 绘图师 | | 日　期 | | 客　户 | | 图　号 | |

(b) 效果图

图 4-1-21　输入文字

（4）选中整个图框（包括下方的文字），单击"绘图"工具栏上的"创建块"工具，选择"转换为块"，并输入名称"图框和标题栏"，如图4-1-22所示。

图 4-1-22　创建块

（5）单击"修改"工具栏上的"缩放"工具，如图4-1-23所示。

图 4-1-23 "缩放"工具

（6）选中图块"图框和标题栏"，按回车键，将基点定位在图块的中间，"指定比例因子"设置为"60"，按回车键确认，将图块放大60倍，如图4-1-24（a）所示。将该图块与前面绘制的原结构测量平面图放置在一起，如图4-1-24（b）所示。

输入"60"

(a) 放大图框

(b) 调整位置

图 4-1-24 放大图框和标题栏

7. 绘制图例，添加备注

（1）将文字样式"文字-宋体"置为当前样式，设置字高为"180"，输入文字，如图4-1-25所示。

提示：

① 当绘图比例为60时，设置字高为180，这样在打印输出时，实际呈现在A3纸上的文字高度为3。

② 在建筑装饰制图中，关于图例的绘制有标准样式。请参考有关标准，比对图例图形是否符合规范。

图例说明

◑ 马桶下水	▬ 强电箱
⊗ 下水管	▭ 弱电箱
○ 落水管	管道井
◉ 煤气管	风道井
○ 地漏	

图 4-1-25 绘制图例

（2）将文字样式"文字－宋体"置为当前样式，设置字高为"180"，输入备注文字，如图4-1-26（a）所示。图例说明和备注文字的摆放位置如图4-1-26（b）所示。

备注：
1. 本设计图纸签章有效；设计图纸及文档的知识产权归本公司所有，未经许可不得复制。
2. 不可按比例量度图纸；若标注尺寸与现场尺寸不符时，应以现场尺寸为准。
3. 施工时发现图纸矛盾或未明了处，须及时与设计人员联系。
4. 该图纸为施工图纸，双方签字后方可施工。

(a) 备注文字

备注文字

图例说明

(b) 文字位置

图 4-1-26　图例与备注文字效果

8. 绘制拆除墙体图

（1）将上面绘制完成的原结构测量平面图复制一份，通过后续步骤修改为拆除墙体图，如图4-1-27所示。

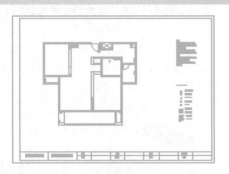
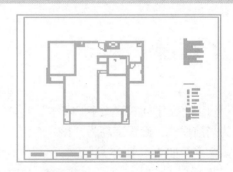

图 4-1-27　复制一份原结构测量平面图

（2）运用"修改"工具栏中的"分解"工具分解复制出来的"拆除墙体图"的"图框和标题栏"图块，将图形名称修改为"拆除墙体图"，如图4-1-28所示。

(a) "分解"工具

| 拆除墙体图 | 世纪东方城 |

(b) 修改名称

图 4-1-28　修改图形名称

（3）在图形的中间位置绘制拆除墙体定位线，如图 4-1-29（a）所示。拆除墙体区域范围如图 4-1-29（b）所示。

(a) 定位线　　　　　　　　　　(b) 拆除区域

图 4-1-29　绘制定位线

（4）修剪拆除墙体定位线，在右上角补绘一条垂直短线，如图 4-1-30（a）所示。在"填充线"图层填充图案，图案为"ANSI31"，比例为"10"，完成后如图 4-1-30（b）所示。

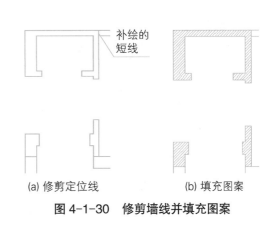

(a) 修剪定位线　　　　(b) 填充图案

图 4-1-30　修剪墙线并填充图案

（5）在图例说明处删除所有图例及说明文字。在"墙线"图层绘制矩形，在"填充线"图层填充图案，图案为"ANSI31"，比例为"10"，按照之前的操作方式输入文字，完成拆除墙体图例及说明文字的绘制，如图 4-1-31 所示。

图例说明

　轻质墙拆除

图 4-1-31　绘制图例

9. 绘制新建墙体图

（1）将上面绘制完成的拆除墙体图复制一份，通过后续步骤修改为新建墙体图，如图 4-1-32 所示。

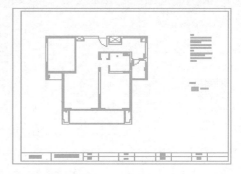

图 4-1-32　复制一份拆除墙体图

（2）按照之前的操作方法，将图形名称修改为"新建墙体图"，如图 4-1-33 所示。

新建墙体图	世纪东方

图 4-1-33　修改图形名称

（3）将需要拆除的墙体删除，如图 4-1-34 所示。

图 4-1-34　删除墙体

（4）在拆除的墙体位置绘制新建的墙体线段，尺寸如图 4-1-35 所示。

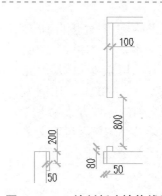

图 4-1-35　绘制新建墙体线段

（5）在"填充线"图层填充图案，图案为"AR-B816C"，比例为"0.2"，完成后如图 4-1-36 所示。

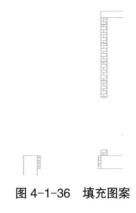

图 4-1-36　填充图案

（6）在图例说明处删除所有图例及说明文字。在"墙线"图层绘制矩形，在"填充线"图层填充图案，图案为"AR-B816C"，比例为"0.2"，按照之前的操作输入说明文字，完成新建墙体图例及说明文字的绘制，如图 4-1-37 所示。保存文件，并将文件命名为"装饰平面图-墙体.dwg"。

图例说明

　新建砖墙

图 4-1-37　绘制图例

相关知识与技能

1. 图纸幅面及图框尺寸

为了统一房屋建筑制图规则、保证制图质量、提高制图效率，做到图面清晰、简明，符合设计、施工、存档的要求，适应工程建设的需要，国家制定了《房屋建筑制图统一标准》和《CAD 技术制图通用标准》。这两个标准是房屋建筑制图的基本规定，适用于总图、建筑、结构、给水排水、暖通空调、电气等各专业制图，也适用于手工制图和计算机制图绘制的图样。

（1）图纸幅面及图框尺寸，如表 4-1-1 所示。

表 4-1-1　图纸幅面及图框尺寸

幅面代号 尺寸代码	A0	A1	A2	A3	A4
b×l	841×1189	594×841	420×594	297×420	210×297
c		10			5
a			25		

图纸以短边作为垂直边称为横式，以短边作为水平边称为立式。一般 A0~A3 图纸宜采用横式，必要时，也可采用立式。图纸的标题栏、会签栏及装订边的位置应符合图例规范。图 4-1-38（a）、（b）、（c）所示即为 A0~A4 图纸的幅画。

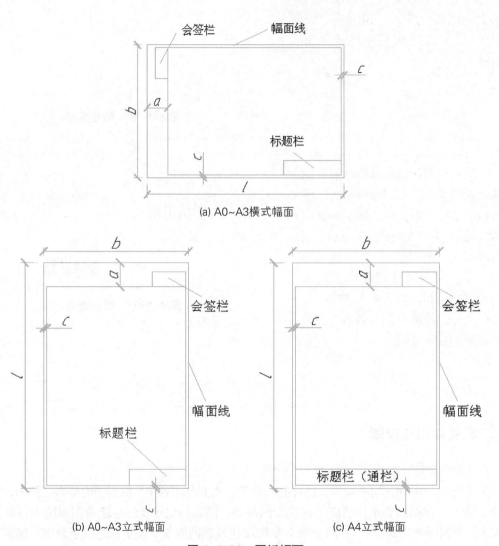

(a) A0~A3横式幅面

(b) A0~A3立式幅面

(c) A4立式幅面

图 4-1-38　图纸幅面

（2）标题栏和会签栏。

标题栏（图 4-1-39）应根据工程需要，选择其尺寸、格式及分区。签字区应包含实名列和签名列。在涉外工程的标题栏内，各项主要内容的英文下方应附有译文，设计单位的上方或左方，应加"中华人民共和国"字样。

会签栏应按图 4-1-40 所示格式绘制，其尺寸应为 100 mm×20 mm，栏内应填写会签人员所代表的专业、姓名、日期（年、月、日）；当一个会签栏不够时，可另加一个，两个会签栏应并列；不需会签的图纸可不设会签栏。

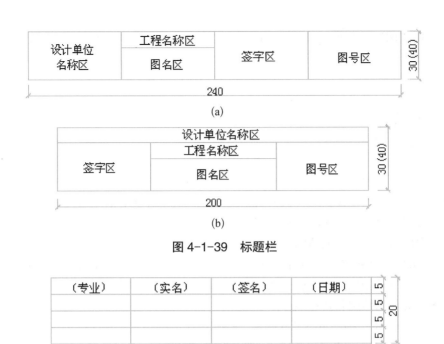

图 4-1-39　标题栏

(专业)	(实名)	(签名)	(日期)

图 4-1-40　会签栏

2. 样板文件

图形样板文件包含标准设置，可从软件自带的样板文件中选择一个，或者创建自定义样板文件。图形样板文件的扩展名为".dwt"。在默认情况下，图形样板文件存储在 template 文件夹中，以便访问。如果根据现有的样板文件创建新图形，则新图形中的修改不会影响样板文件。

（1）创建图形样板文件。

需要创建、使用相同惯例和默认设置的多个图形时，并不是每次启动时都需要重复指定惯例和默认设置，而是通过创建或自定义样板文件的方式，这样可以节省很多时间。通常存储在样板文件中的惯例和设置包括以下内容：

① 单位类型和精度。

② 标题栏、边框和徽标。

③ 图层名。

④ 捕捉、栅格和正交设置。

⑤ 栅格界限。

⑥ 标注样式。

⑦ 文字样式。

⑧ 线型。

（2）使用样板文件创建图形。

执行"文件/新建"命令，在"选择样板"对话框中，从列表中选择一个样板。单击"打开"按钮，将打开文件名为"drawing1.dwg"的图形。默认图形名会随打开新图形的数目而变化。

如果不想使用样板文件创建一个新图形，可单击"打开"按钮旁边的箭头，选择列表中的"无样板打开"选项。

 拓展与提高

CAD 家装图纸的类型及其绘制流程

（1）原结构测量图。

设计师上门对居室内墙体布局进行测量后，需要绘制原结构测量图，并标注出房间尺寸、门窗尺寸以及落水、下水的位置等。

（2）拆除墙体图、新建墙体图。

① 反映信息：反映墙体的拆除尺寸、厚度、砌筑材料。当拆除的墙体与新建的墙体不叠加时，可只绘制一张墙体改造图。如果拆除的墙体与新建的墙体叠加时，则需要绘制两张墙体改造图（拆除墙体图和新建墙体图）。

② 画法：复制原结构测量图（含图框）→修改图名→指定图例（拆墙和筑墙图例）→设计并绘制→标注（定位尺寸和改造尺寸、厚度、材料）。

（3）平面布置图。

① 反映信息：反映家具布置情况、电器放置位置及其尺寸。

② 画法：复制墙体改造图（含图框）→修改图名→整理（删除墙体修改的标注、材料、尺寸）→调用对应家具图并进行布置→修改家具（电器）颜色。

（4）地面铺装图。

① 反映信息：反映各空间地面材料的种类、规格、铺贴工艺、拼花样式以及地面高低差等信息。

② 画法：复制平面布置图（含图框）→修改图名→整理（删除所有家具、文字说明、填充）→设计并绘制→标注（标明材料名、规格及其他信息）。

（5）平面面积图。

① 反映信息：在平面布置图的基础上，反映各空间内墙体所围合的面积和周长，但不包括门槛的面积和窗台的面积。

② 相关的概念：

a. 购房面积：购房面积＝建筑面积＋公有面积；公有率＝公有面积/购房面积。

b. 建筑面积：建筑面积＝墙体、柱子所占有的面积＋实际的使用面积。购房时所指的建筑面积，阳台只计算一半的面积，飘窗不计算面积，落地窗计算面积，结构板不计算面积，公共墙只计算一半的面积。

c. 公有面积：指公共空间所占有的面积。

d. 使用面积：指各空间的地面面积。

③ 画法：复制平面布置图（含图框）→修改图名→整理（删除家具、文字、标注、填充）→指定计算范围→通过 LI 命令测量出来→填写面积周长。

（6）天花布置图。

① 反映信息：反映天花吊顶的材料、规格、高度和施工工艺。

② 画法：复制平面布置图（含图框）→修改图名→整理（删除家具、文字、内部尺寸、

地面填充等）→指定灯具图例→设计并绘制→标注尺寸、标高、材料说明。

（7）灯具定位图。

① 反映信息：反映天花中灯具中心点的安装距离，其中也包括排气扇、浴灯等电器设备的安装距离。

② 画法：复制天花布置图（含图框）→修改图名→整理（删除文字、标注、尺寸、标高）→标注灯具中心点的安装尺寸。

（8）开关布置图。

① 反映信息：反映开关与灯具之间的控制关系。

② 画法：复制天花布置图（含图框）→修改图名→整理（删除所有内部尺寸、材料、标高）→指定开关图例→设计并绘制→连线（直线或者样条曲线）。

（9）插座布置图。

① 反映信息：在平面布置图的基础上反映插座的分布情况、种类和离地高度。

② 画法：复制平面布置图（含图框）→修改图名→整理（删除内部尺寸、标注、文字）→指定插座图例→设计并绘制→指定插座离地高度。

（10）水路布置图。

① 反映信息：反映冷水、热水的水路分布情况。

② 画法：复制开关布置图（含图框）→修改图名→整理（删除灯具、开关、线路、标注等）→从进水阀开始绘制水路（先绘制冷水水路，后绘制热水水路；冷水用蓝色，热水用红色表示）→标明用处名称（用水龙头图例）。

（11）立面图。

① 反映信息：反映家具或者墙面的造型、材料、工艺、尺寸等。

② 画法：指定索引符号→指定绘图范围→整理（删除绘图范围以外的对象）→描线（构造线描线）→设计并绘制→标注尺寸、文字、材料等信息→添加图名图框。

（12）轴测图。

① 反映信息：通过平行透视（二维）表现较复杂的对象。

② 画法：设置绘图环境（打开等轴测捕捉、正交模式）→设置两个文字样式（分别倾斜 +30° 和−30°）→设计并绘制→可以通过 F5 键在等轴测平面切换。

思考与练习

根据图 4-1-41（a）、（b）所示尺寸绘制图框和标题栏，建立 A4 立式幅面的样板文件并将其命名为"A4 立式幅面 .dwt"。

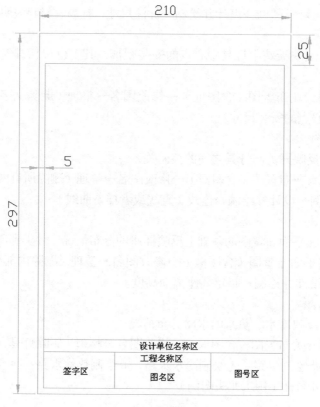

(a) A4 立式幅面尺寸

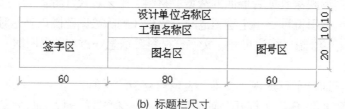

(b) 标题栏尺寸

图 4-1-41　图框和标题栏尺寸

任务二　平面布置图的绘制

任务描述

　　在建筑装饰设计中，设计师会将一些常用图形放在一个图库文件中，便于调取并应用到各类设计图形中去，这样可以让设计师避免重复工作，以使更有效率地完成设计布置工作和后期工作。

　　按国家标准规定，图样上标注的尺寸除标高及总平面图以米（m）为单位外，其余一律以毫米（mm）为单位，图上的尺寸数字都不再注写单位。此外，图样上的尺寸应以所注尺寸数字为准，不得从图上直接量取。图 4-2-1 为卧室家具布置效果图。

图 4-2-1　卧室家具布置效果图

　　本任务通过绘制一张平面布置图，来学习家具布置和尺寸标注的方法。图 4-2-2 为平面布置图。

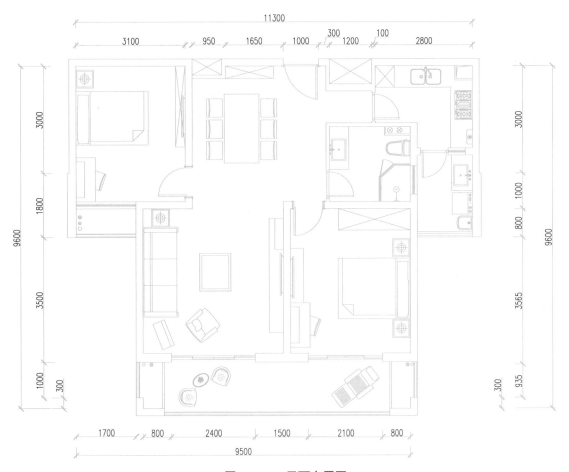

图 4-2-2　平面布置图

本任务要求绘制一张平面布置图，主要操作步骤如下：

（1）打开 CAD 图库文件，图库里包含了任务二中需要用到的各类图形。

图库中的图形是按照实际尺寸 1：1 绘制的，在任务操作时，只需要复制到任务要求的图形中即可。

（2）将需要的图形先复制到空白位置，然后通过"旋转"、"移动"等命令再布置到位。

（3）标注图形的主要尺寸，尺寸的标注样式已在任务一中建立完成。

（4）图形绘制完成后，将其保存为"装饰平面图-平面布置.dwg"文件。

方法与步骤

1. 打开文件

（1）打开"项目四\任务二\CAD 图库.dwg"文件，里面包含了很多已绘制好的图形元素，如图 4-2-3 所示。

图 4-2-3　打开图库文件

（2）打开任务一中绘制的"装饰平面图-墙体.dwg"文件，将新建墙体图连同图框一起复制，如图 4-2-4（a）所示。将图形名称改为"平面布置图"，如图 4-2-4（b）所示。

(a) 复制

平面布置图	世纪东方城

(b) 更改名称

图 4-2-4　复制并更改图形名称

（3）为了保证能将图库中的图形摆放在正确的位置上，先要熟悉图4-2-5，掌握该二房二厅一卫双阳台房型的布局。

图 4-2-5 房型布局图

2. 客厅布置

（1）将新建墙体的填充图案删除并修剪线条，完成后如图4-2-6所示。

图 4-2-6 删除填充图案并修剪线条

（2）为了方便之后的操作，可以将图库中的图形全部复制到平面布置图图框的右侧。先选中所有图库中的图形，单击"编辑"菜单中的"复制"，然后切换到平面布置图文件，将"家具"图层设置为当前层，再单击"编辑"菜单中的"粘贴"完成图形的复制，如图4-2-7所示。

图 4-2-7 复制图形

（3）将沙发、方柜、电视柜、电视等图形复制到空白位置，旋转图形并将其移动到客厅内，如图4-2-8所示完成布置，并补绘空调、茶几等图形。

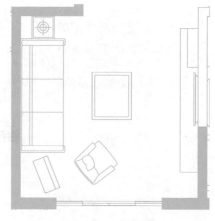

图 4-2-8　布置客厅

3. 卧室布置

（1）将衣柜、方柜、电视、床、梳妆台等图形复制到空白位置，旋转图形并将其移动到主卧室内，如图4-2-9所示完成布置，并补绘电视柜等图形。

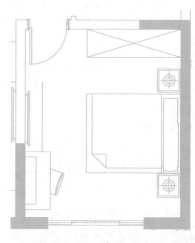

图 4-2-9　布置主卧室

（2）将方柜、电视、床、梳妆台等图形复制到空白位置，旋转图形并将其移动到次卧室内，如图4-2-10所示完成布置，并补绘衣柜等图形。

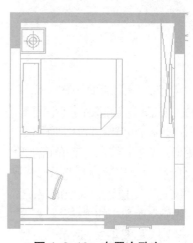

图 4-2-10　布置次卧室

4. 厨房和卫生间的布置

（1）将双斗水槽、煤气灶等图形复制到空白位置，旋转图形并将其移动到厨房内，如图 4-2-11 所示完成布置，并补绘厨房台面、柜子等图形。

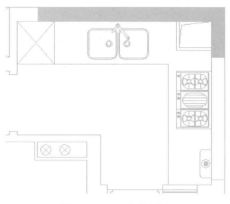

图 4-2-11　布置厨房

（2）将方形台盆、连体马桶、淋浴房等图形复制到空白位置，旋转图形并将其移动到卫生间内，如图 4-2-12 所示完成布置。

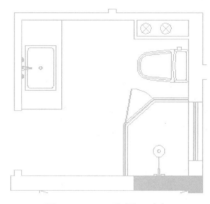

图 4-2-12　布置卫生间

5. 阳台和餐厅的布置

（1）将拖把池、洗衣机、水槽等图形复制到空白位置，旋转图形并将其移动到东阳台内，如图 4-2-13 所示完成布置，并补绘水槽台面等图形。

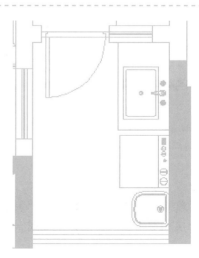

图 4-2-13　布置东阳台

（2）将休闲椅、躺椅等图形复制到空白位置，旋转图形并将其移动到大阳台内，如图 4-2-14 所示完成布置。

图 4-2-14　布置大阳台

（3）将餐桌椅图形复制到餐厅空白位置，并补绘进门储物柜图形，如图 4-2-15 所示。

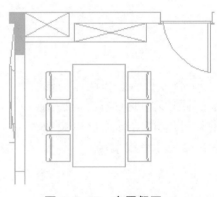

图 4-2-15　布置餐厅

6. 完善图形

（1）删除墙线填充的黑色图案，完善墙体线条图形。

（2）复制图库中的木套门，并将其布置到主卧室和次卧室的门口，再将东阳台的门复制到厨房和卫生间的入口处，全部完成后的图形如图 4-2-16 所示。

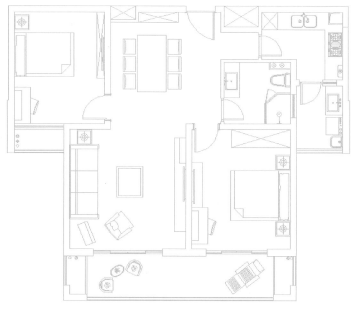

图 4-2-16　复制门套

7. 标注尺寸

（1）将标注样式中的"建筑尺寸"的全局比例设为"60"，并将其置为当前，如图 4-2-17 所示。

图 4-2-17　设置全局比例

（2）切换到"标注-文字"图层。执行"标注/线性"命令，标注左上方的水平尺寸"3100"，如图 4-2-18 所示。

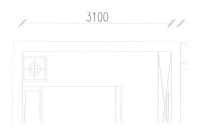

图 4-2-18　标注尺寸（1）

（3）继续标注其余水平尺寸，如图 4-2-19 所示。

提示：对于平面图上多个连续的标注尺寸，可先用"线性"标注第一个尺寸，然后使用"连续"完成其他尺寸的标注。

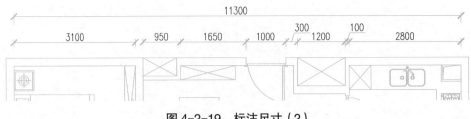

图 4-2-19　标注尺寸（2）

（4）运用相同的方法，完成其余水平尺寸和垂直尺寸的标注，如图 4-2-20 所示。

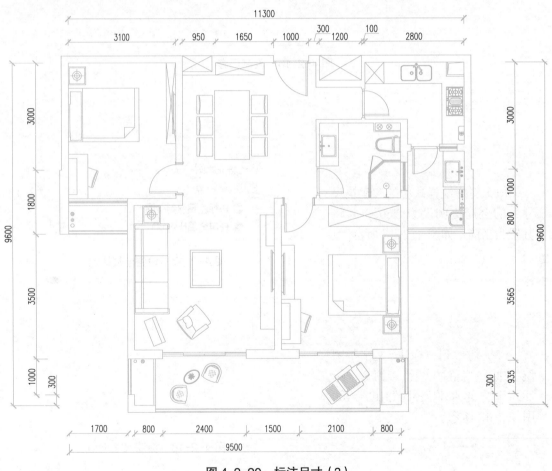

图 4-2-20　标注尺寸（3）

（5）将图例说明改为"原墙体测量图"的图例内容，如图4-2-21所示。保存文件，并将文件命名为"装饰平面图-平面布置"。

图例说明

图例	说明
◑	马桶下水
⊗	下水管
○	落水管
◉	煤气管
⊙	地漏
▬	强电箱
▭	弱电箱
▱	管道井
◱	风道井

图 4-2-21　更改图例

 相关知识与技能

尺寸标注是绘图设计工作中的一项重要内容，因为绘制图形的根本目的是反映对象的形状，而图形中各个对象的真实大小和相互之间的位置关系只有经过尺寸标注后才能确定。AutoCAD 2014 包含了一套完整的尺寸标注命令和实用程序，足以满足设计师在绘制图纸过程中的尺寸标注需求。

在进行尺寸标注之前，我们必须了解 AutoCAD 2014 中尺寸标注的组成部分以及标注样式的创建和设置方法。

1. 尺寸标注的组成部分

在建筑制图或其他工程绘图中，一个完整的尺寸标注应由标注文字、尺寸线、尺寸界线、尺寸线的端点符号及起点等部分组成，如图4-2-22所示。

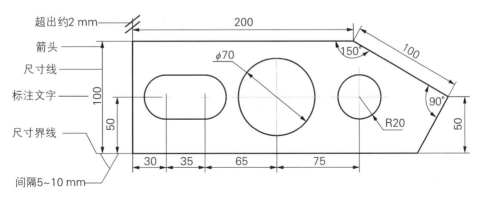

图 4-2-22　尺寸标注的组成部分

2. 创建尺寸标注的基本步骤

在 AutoCAD 2014 中，对图形进行尺寸标注的基本步骤如下：

（1）创建一个独立的图层用于尺寸标注。

（2）创建一种文字样式用于尺寸标注。

（3）执行"格式/标注样式"命令，在打开的"标注样式管理器"对话框中设置标注样式。

（4）使用对象捕捉和标注等功能，对图形中的元素进行标注。

3. 创建标注样式

在 AutoCAD 2014 中，使用"标注样式"可以控制标注的格式和外观，建立强制执行的绘图标准。要创建标注样式，可执行"格式/标注样式"命令，打开"标注样式管理器"对话框，单击"新建"按钮，在打开的"创建新标注样式"对话框中即可创建标注样式，如图4-2-23所示。

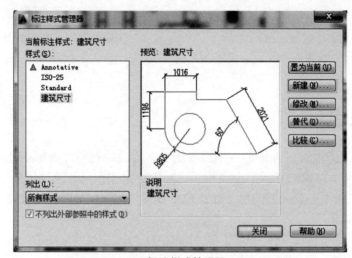

(a) 标注样式管理器

(b) 创建新样式

图 4-2-23　创建标注样式

（1）设置直线格式。在"新建标注样式"对话框中，使用"直线"选项卡可以设置尺寸线、尺寸界线的格式和位置。

（2）设置符号和箭头格式。在"新建标注样式"对话框中，使用"符号和箭头"选项卡可以设置箭头、圆心标记、弧长符号和半径标注折弯的格式与位置。

（3）设置文字格式。在"新建标注样式"对话框中，可以使用"文字"选项卡设置标注文字的外观、位置和对齐方式。

（4）设置调整格式。在"新建标注样式"对话框中，可以使用"调整"选项卡设置标注文字、尺寸线、尺寸箭头的位置。

（a）"标注"菜单

（5）设置主单位格式。在"新标注样式"对话框中，可以使用"主单位"选项卡设置主单位的格式与精度等属性。

4. 尺寸标注的类型

AutoCAD 2014 提供了完善的标注命令用以标注图形对象，分别位于"标注"菜单或"标注"工具栏中，使用这些命令可以进行角度、直径、半径、线性、对齐、连续、圆心及基线等标注，如图 4-2-24 所示。

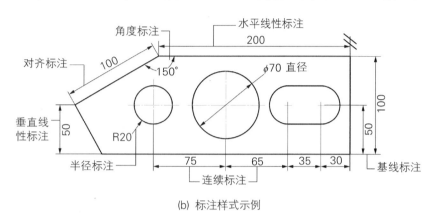

（b）标注样式示例

图 4-2-24 尺寸标注的类型

（1）线性标注。

执行"标注 / 线性"命令，或在"标注"工具栏中单击"线性"按钮，可创建用于标注用户坐标系 XY 平面中的两个点之间的距离测量值，并通过指定点或选择一个对象来实现。

（2）对齐标注。

执行"标注 / 对齐"命令，或在"标注"工具栏中单击"对齐"按钮，可以对对象进行对齐标注。对齐标注是线性标注尺寸的一种特殊形式。在对直线段进行标注时，如果该直线的倾斜角度未知，那么使用线性标注方法将无法得到准确的测量结果，这时可以使用对齐标注。

（3）弧长标注。

执行"标注 / 弧长"命令，或在"标注"工具栏中单击"弧长"按钮，可以标注圆弧线段或多段线圆弧线段部分的弧长。

（4）基线标注。

执行"标注 / 基线"命令，或在"标注"工具栏中单击"基线"按钮，可以创建一系列由相同的标注原点测量出来的标注。与连续标注一样，在进行基线标注之前也必须先创建（或选择）一个线性、坐标或角度标注作为基准标注。

（5）连续标注。

执行"标注 / 连续"命令，或在"标注"工具栏中单击"连续"按钮，可以创建一系列端对端放置的标注，每个连续标注都从前一个标注的第二个尺寸界线处开始。在进行连续标注之前，必须先创建（或选择）一个线性、坐标或角度标注作为基准标注，以确定连续标注所需要的前一尺寸标注的尺寸界线。

（6）半径标注。

执行"标注 / 半径"命令，或在"标注"工具栏中单击"半径"按钮，可以标注圆和圆弧的半径。

（7）折弯标注。

执行"标注/折弯"命令，或在"标注"工具栏中单击"折弯"按钮，可以折弯标注圆和圆弧的半径。

（8）直径标注。

执行"标注/直径"命令，或在"标注"工具栏中单击"直径"按钮，可以标注圆和圆弧的直径。

（9）圆心标记。

执行"标注/圆心标记"命令，或在"标注"工具栏中单击"圆心标记"按钮，即可标注圆和圆弧的圆心。此时只需要选择待标注圆心的圆弧或圆即可。

（10）角度标注。

执行"标注/角度"命令，或在"标注"工具栏中单击"角度"按钮，可以测量圆和圆弧的角度、两条直线间的角度，或者三点间的角度。

（11）引线标注。

执行"标注/多重引线"命令，可以创建引线和注释，而且引线和注释可以有多种格式。

（12）快速标注。

执行"标注/快速标注"命令，或在"标注"工具栏中单击"快速标注"按钮，可以快速创建成组的基线、连续、阶梯和坐标标注，快速标注多个圆、圆弧，以及编辑现有标注的布局。

拓展与提高

1. 编辑标注对象

在 AutoCAD 2014 中，可以对已标注对象的文字、位置及样式等内容进行修改，而不必删除已标注的尺寸对象，然后重新进行标注。

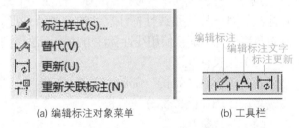

(a) 编辑标注对象菜单　　　　(b) 工具栏

图 4-2-25　编辑标注对象

（1）编辑标注。

在"标注"工具栏中单击"编辑标注"按钮，即可编辑已有标注的标注文字内容和放置位置。

（2）编辑标注文字的位置。

执行"标注/对齐文字"子菜单中的命令，或在"标注"工具栏中单击"编辑标注文字"按钮，即可修改文字的位置。

（3）替代标注。

执行"标注/替代"命令，可以临时修改尺寸标注的系统变量设置，并按该设置修改尺寸标注。该操作只对指定的尺寸对象作修改，并且修改后不影响原系统的变量设置。

（4）更新标注。

执行"标注/更新"命令，或在"标注"工具栏中单击"标注更新"按钮，都可以更新标注，使其采用当前的标注样式。

（5）尺寸关联。

尺寸关联是指所标注尺寸与被标注对象有关联关系。如果标注的尺寸值是按自动测量值标注的，且尺寸标注是按尺寸关联模式标注的，那么改变被标注对象的大小后，相应的标注尺寸也将发生改变，即尺寸界线、尺寸线的位置都将改变到相应的新位置，尺寸值也改变成新测量值。此外，改变尺寸界线起始点的位置，尺寸值也会发生相应的变化。

2. AutoCAD 2014 中特殊符号的输入

在 AutoCAD 2014 中表示直径的"Φ"、表示地平面的"±"、标注度符号"°"，都可以用控制码"％C"、"％P"、"％D"来输入，但是这些控制码不容易记忆，而且在绘图时可能还要输入其他符号。其实在 AutoCAD 2014 中，可以通过"字符映射表"来输入特殊字符，具体步骤如下：

（1）执行"多行文字"命令，然后指定角点建立一个文本框，系统会自动打开"文字格式"工具栏。在这个工具栏中，可以看到右侧的"符号"按钮，如图 4-2-26 所示。

图 4-2-26 "文字格式"工具栏

（2）单击"符号"按钮，打开一个下拉列表，如图 4-2-27（a）所示。下拉列表中有"度数"、"正 / 负"、"直径"、"不间断空格"、"其他"等选项，前三项即表示"°"、"±"、"Φ"符号。

（3）单击"其他"时，会打开"字符映射表"对话框，该对话框包含更多的符号供用户选用，其当前内容取决于用户在"字体"下拉列表中选择的字体，如图 4-2-27（b）所示。

（4）在"字符映射表"对话框中，选择要使用的字符，然后双击被选取的字符或单击"选择"按钮，再单击"复制"按钮，将字符拷贝到剪贴板上，点"关闭"返回原来的对话框，将光标放置在要插入字符的位置，用"Ctrl + V"键就可将字符从剪贴板上粘贴到当前窗口中。

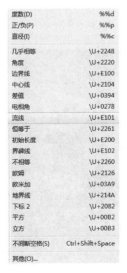

(a) "文字格式"下拉列表

(b) "字符映射表"对话框

图 4-2-27 输入特殊符号

打开"项目四\练习\阳台尺寸标注 .dwg"文件，如图 4-2-28 所示，完成文字注写、图案填充和尺寸标注的操作。

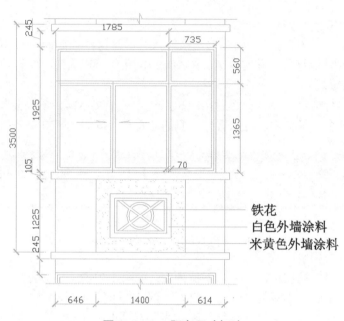

铁花
白色外墙涂料
米黄色外墙涂料

图 4-2-28　阳台尺寸标注

任务三　地面铺装图的打印

任务描述

地面铺装设计是室内装饰的重要组成部分。地面铺装的任务就是在不同的室内空间里，合理地利用有限的条件，积极发挥人的创造思维，创造出一个既符合室内统一的装饰风格，又符合生活物质功能要求的和谐室内空间。

铺装材料包括地板、地坪涂料、地毯、塑胶地板、地砖等，如图 4-3-1 所示。

通过绘制地面铺装图，来进一步巩固并掌握文字样式的设置、文字注写、图案填充和打印输出等操作。地面铺装设计图如图 4-3-2 所示，最后的打印效果如图 4-3-3 所示。

图 4-3-1　客厅地面铺装效果图

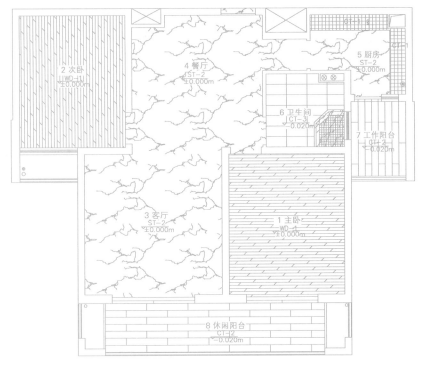

图 4-3-2　地面铺装设计图

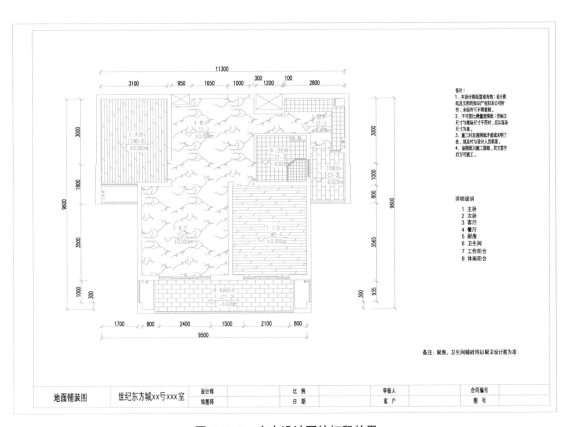

图 4-3-3　室内设计图的打印效果

本任务要求绘制地面铺装图，主要操作步骤如下：

（1）在任务二绘制完成的图形"装饰平面图-平面布置"的基础上，通过"复制"命令创建地面铺装图。

（2）在铺装区域删除家具图形并进行文字和标高的标示。

（3）在图形的门洞处绘制填充边界线，并进行铺装材料的图案填充。

（4）通过模型打印，将绘制好的图形打印在一张 A3 图纸上。

方法与步骤

1. 打开文件，复制图形

（1）打开任务二中绘制完成的图形文件"装饰平面图-平面布置.dwg"，如图 4-3-4 所示。

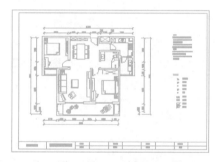

图 4-3-4　打开文件

（2）将家具尺寸图及其图框一起复制在旁边，如图 4-3-5（a）所示。再将新图形的名称改为"地面铺装图"，如图 4-3-5（b）所示。

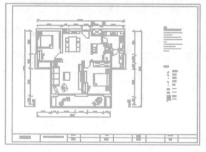
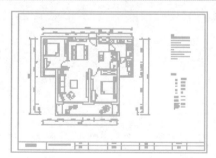

(a) 复制图形

地面铺装图	世纪东方

(b) 更改名称

图 4-3-5　复制图形并更改名称

（3）将地面铺装图中的家具全部删除，标注的尺寸不用删除，如图4-3-6所示。

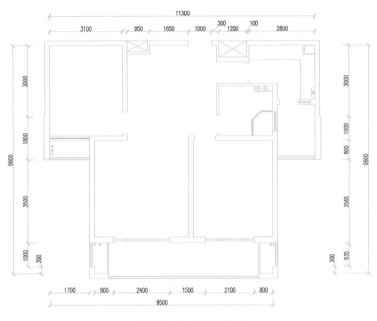

图4-3-6　删除家具

2. 文字注写

（1）切换到"标注-文字"图层，在主卧室内绘制标高线，水平线可以稍微长点，等文字注写好以后再进行修剪，如图4-3-7所示。

提示：按国家标准，标高三角形的高度为3 mm，本图打印时按1∶60缩放，所以绘图时的高度定为180。

图4-3-7　绘制标高线

（2）在标高图形的上、下方分别注写说明文字，如图4-3-8所示，文字高度为"180"。

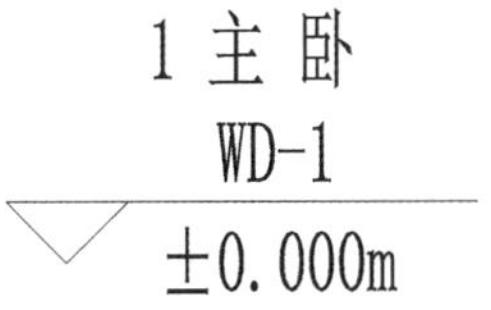

图4-3-8　注写说明文字

（3）通过复制标高线、修改说明文字，完成其余各处的标高和文字注写，如图4-3-9所示。

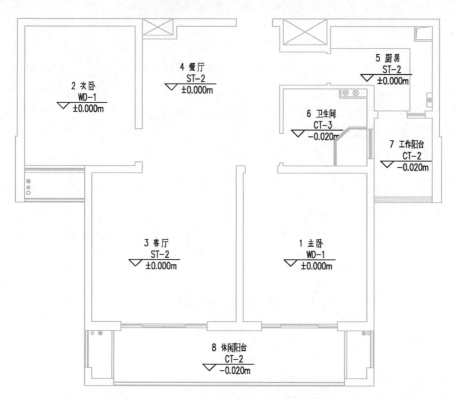

图4-3-9 完成其余各处标高线的绘制

（4）将原有的图例说明删除，增加"详细说明"一栏，并输入文字，如图4-3-10所示。

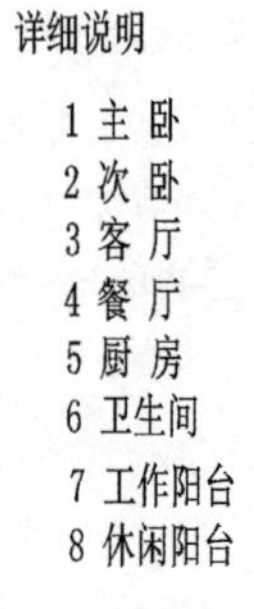

详细说明

1 主 卧
2 次 卧
3 客 厅
4 餐 厅
5 厨 房
6 卫生间
7 工作阳台
8 休闲阳台

图4-3-10 增加"详细说明"

（5）在详细说明的下方输入备注内容，内容为"备注：厨房、卫生间铺砖均以厨卫设计图为准"，如图4-3-11所示。

图4-3-11 增加"备注"

3. 填充图案

（1）因为图案填充需要完整的边界线，所以要在"虚线"图层先补绘开门处的边界线，如图4-3-12所示。

提示：如果在后续的图案填充中"添加-拾取点"时系统没有正确判定边界，可以采取三种办法：

① 用"多段线"重绘边界线条。

② 改用"添加-选择对象"来选择边界对象。

③ 加大允许的间隙。

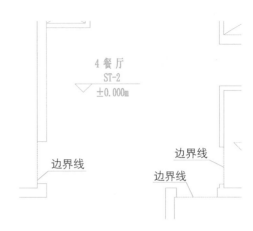

图4-3-12　补绘边界线

（2）在"填充线"图层，将次卧图案填充为木地板，设置图案为"DOLMIT"，角度为"90°"，比例为"20"，效果如图4-3-13所示。

图4-3-13　填充次卧图案

（3）将主卧图案同样填充为木地板，设置图案为"DOLMIT"，角度为"0°"，比例为"20"，效果如图4-3-14所示。

图4-3-14　填充主卧图案

（4）将厨房图案填充为橱柜地面地砖，设置图案为"NET"，比例为"60"，效果如图4-3-15所示。

图 4-3-15　填充厨房图案

（5）将卫生间的淋浴房图案填充为地面地砖，设置图案为"NET"，比例为"40"，效果如图4-3-16所示。

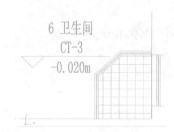

图 4-3-16　填充淋浴房图案

（6）将卫生间的地面图案填充为地面地砖，设置图案为"NET"，比例为"60"，效果如图4-3-17所示。

图 4-3-17　填充卫生间图案

（7）将休闲阳台的地面图案填充为"AR-B816"，比例为"1"，角度为"0°"，效果如图4-3-18所示。

图 4-3-18　填充休闲阳台图案

（8）将工作阳台地面图案填充为"AR-B816"，角度为"90°"，比例为"1"，效果如图4-3-19所示。

图 4-3-19　填充工作阳台图案

（9）将"项目四\任务三\大理石 2.pat"文件复制到 AutoCAD 2014 安装目录的 support 文件夹中。将客厅、餐厅、厨房地面图案填充为大理石，将类型选为"自定义"，点击自定义图案边的扩展按钮，打开"填充图案选项板"，选择"自定义"选项卡，将图案设置为"大理石 2"，比例为"2"，填充完成后的整体效果如图4-3-20所示。保存文件，并将文件命名为"装饰平面图-地面铺装 .dwg"。

(a) 选择"自定义图案"

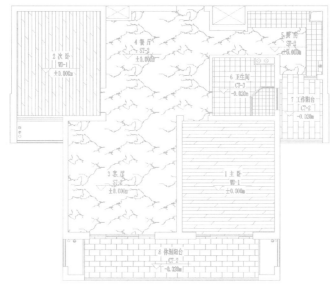

(b) 填充大理石图案

图 4-3-20　填充客厅、餐厅、厨房图案

4. 模型打印

（1）确认电脑已经连接了一台能打印 A3 图纸的打印机。如果没有安装，可在 Windows 的"设备和打印机"中添加安装"Epson EPL-N7000"打印机软件，如图 4-3-21 所示。

提示：因为没有真实的打印机设备连接在电脑上，所以安装时请务必不要打印测试页。

图 4-3-21　添加打印机

（2）在 AutoCAD 2014 中，执行"文件 / 打印"命令，出现"打印-模型"对话框，选择安装好的打印机（如：Epson EPL-N7000），设置图纸大小为"A3"，再选中"居中打印"复选框，如图 4-3-22 所示。

图 4-3-22　设置打印参数

（3）单击"打印-模型"对话框右下角的"更多选项"按钮，在扩展的页面中，将"图形方向"选为"横向"，如图 4-3-23 所示。

(a)"更多选项"按钮　　　(b) 选择"横向"

图 4-3-23　设置"图形方向"

（4）在"打印区域"的"打印范围"中选择"窗口"选项，如图4-3-24（a）所示。在AutoCAD 2014中指定第一个角点为图框左上角点，指定对角点为图框右下角点，如图4-3-24（b）所示。

提示：如果选择不恰当，可以再点击"窗口"按钮，重新进行选择。

(a) 选择"打印范围"

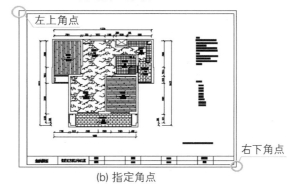

(b) 指定角点

图 4-3-24　选择打印范围

（5）单击"预览"按钮，查看打印预览效果。如果正确，可以单击右键进行打印输出。如果没有连接打印设备，预览后退出打印页面。

相关知识与技能

在 AutoCAD 2014 中，模型空间是一个三维坐标空间，主要用于几何模型的构建，前面各个项目中所有的内容都是在模型空间中进行绘制的。

装饰设计公司在设计制图时，一般会将装饰设计和施工方案的设计图纸全部按 1：1 的比例绘制在一个模型空间中，并为每个（组）图形添加图框和标题等元素，便于复制和修改等操作。在打印输出时，通过"窗口"选项，逐个选择各个图形的图框对角点，将图纸通过模型空间进行打印输出。

一项装饰设计工程往往有许多图纸需要打印，为了提高打印效率，设计师一般会借用第三方软件来实现 AutoCAD 模型空间图纸的批量打印。

模型空间打印输出的方法如下（以 A3 图纸为例）：

（1）创建文件，绘制 A3 尺寸的图框和标题栏，并将其转换为图块，如图 4-3-25 所示。（提示：A3 图幅大小为 297×420）

（2）绘制图形，图形界限建议设置为 8000×6000，如图 4-3-26 所示。

（3）将 A3 幅面的图框和标题栏图块放大"20 倍"，如图 4-3-27 所示。

提示：① 打印输出时，所有图形将会缩小 20 倍。② 图形中的文字（含标注文字）的字高要设置为 60（3×20）。③ 字高 3 为制图标准的推荐高度。

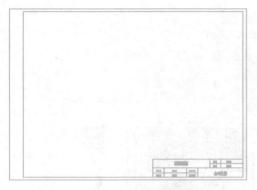

图 4-3-25 绘制图框和标题栏

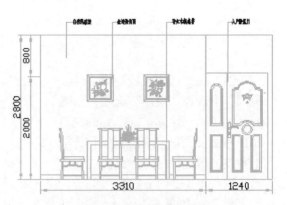

图 4-3-26 绘制图形

（4）执行"文件 / 打印"命令，出现"打印 - 模型"对话框，选择安装的打印机，并设置图纸大小为"A3"，如图 4-3-28 所示。

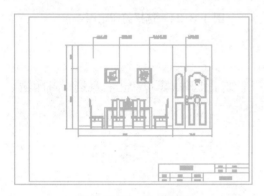

图 4-3-27 放大图块

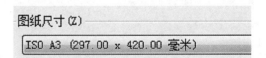

图 4-3-28 设置图纸尺寸

（5）在"打印区域"中选中"居中打印"。在"打印范围"中选择"窗口"方式，如图 4-3-29 所示。

（6）指定打印窗口第一个角点为图形的左上角点，指定对角点为图形的右下角点，如图 4-3-30 所示。

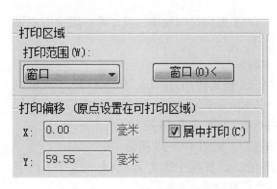

图 4-3-29 设置打印区域

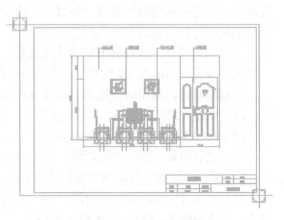

图 4-3-30 选择打印范围

（7）在"打印比例"中选中"布满图纸"选项，如图 4-3-31 所示。

（8）设置图形方向为"横向"，如图 4-3-32 所示。

图 4-3-31　设置打印比例

图 4-3-32　设置图形方向

（9）单击"预览"按钮，出现打印预览窗口，如图 4-3-33 所示。按 Esc 键返回对话框窗口。

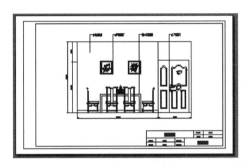

图 4-3-33　打印预览

拓展与提高

页面设置管理器

通过"页面设置管理器"对话框，可以对打印机、打印样式、打印尺寸和范围等参数进行设置。

（1）执行"文件 / 页面设置管理器"命令，打开"页面设置管理器"对话框。在"页面设置管理器"对话框中单击"新建"按钮，弹出"新建页面设置"对话框，如图 4-3-34 所示。

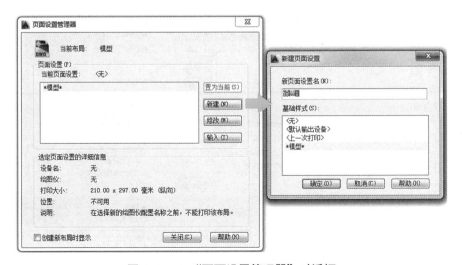

图 4-3-34　"页面设置管理器"对话框

（2）输入新页面设置名"A3横排"，按"确定"按钮。在弹出的"页面设置-模型"对话框中设置打印机的名称、图纸尺寸、打印偏移、打印比例、图纸方向等页面参数，如图4-3-35所示。

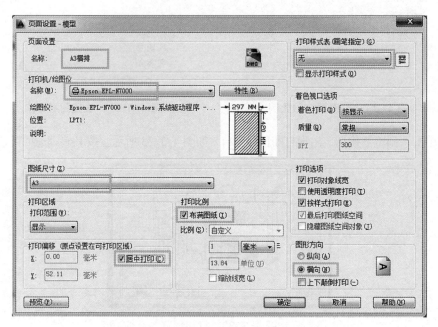

图4-3-35 "页面设置-模型"对话框

（3）执行"文件/打印"命令，打开"打印-模型"对话框。在"页面设置"中选择前面设置的"A3横排"，这时打印机的名称、图纸尺寸、打印偏移、打印比例、图纸方向等页面参数已经自动调整完毕，这样利用页面设置管理功能可以提高打印设置的效率，如图4-3-36所示。

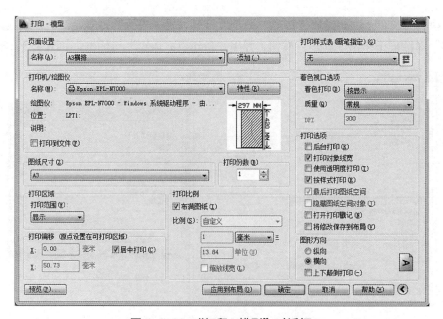

图4-3-36 "打印-模型"对话框

请打开"项目四\练习\客厅和餐厅平面图 .dwg"文件(图 4-3-37)和任务一练习中完成的样板文件"A4 立式幅面 .dwt"。将样板文件中的图框和标题栏复制到"客厅和餐厅平面图"中,并将其转换为图块。通过模型打印实现如图 4-3-38 所示的效果。

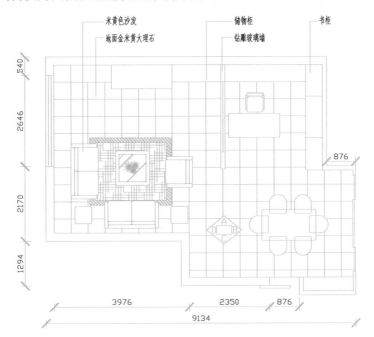

图 4-3-37　客厅和餐厅平面图

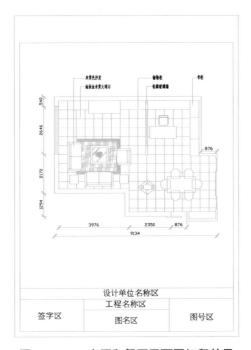

图 4-3-38　客厅和餐厅平面图打印效果

项目实训四 弱电布置图的绘制

项目描述

家居弱电是指电压在 36 伏以下的安全电。

现代家居弱电布线包括有线电话、宽带网络和有线电视等，如图 4-4-1 所示。弱电布线绝大部分都是采用星形拓扑布线方式，每条线路都是独立的，避免单点故障导致整个系统的瘫痪。最后将所有弱电线集中汇聚到信息接入箱中实行集中管理。

本实训要求根据原始素材文件绘制弱电布置图，效果如图 4-4-2 所示。

图 4-4-1 客厅弱电设备

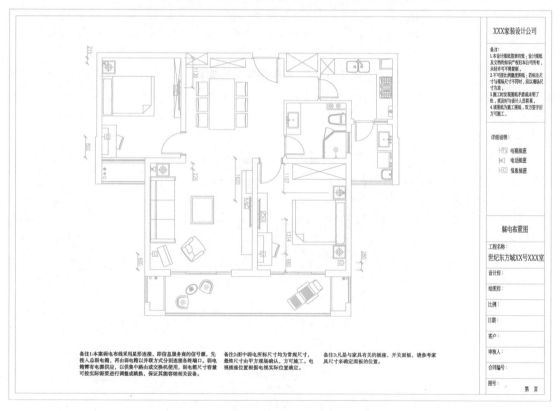

图 4-4-2 弱电布置图的打印输出效果

- 熟练运用绘图命令和编辑命令。
- 掌握图层和图块的操作方法。
- 掌握文字和图案填充工具的操作方法。
- 掌握尺寸标注的操作方法。
- 掌握模型空间打印输出的一般技能。

步骤提示

（1）打开"项目四\项目实训四\原始图纸.dwg"文件。观察图形并了解不同图形对象所在的图层。如果图形处于不正确或不合理的图层，则需要调整。此外，还要熟悉房屋布局和功能定位，思考在不同位置，弱电项目应该布置的模块与数量。

（2）在"图框线"图层绘制A3横排图框。外框矩形尺寸为420×297，并向内偏移距离"5"，得到内框线，如图4-4-3所示。

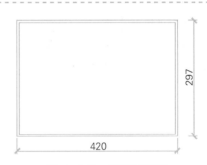

图 4-4-3　绘制图框线

（3）绘制竖排标题栏，尺寸如图4-4-4所示。

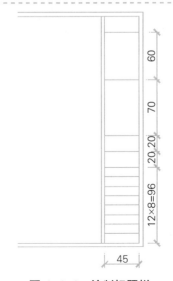

图 4-4-4　绘制标题栏

（4）在标题栏内注写文字，如图 4-4-5 所示注写上下两处的文字内容。

(a) 文字1　　　　　(b) 文字2

图 4-4-5　注写文字

（5）将图框和标题栏一起选中，单击"创建块"命令，选中"转换为块"，输入名称"A3 横排打印－标题竖式"，如图 4-4-6 所示。

图 4-4-6　转换为块

（6）将图块放大"50 倍"，框住家具布置图形，效果如图 4-4-7 所示。

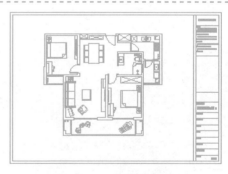

图 4-4-7　将图块放大

（7）在标题栏中间位置绘制弱电器件图例，输入文字"弱电布置图"，如图 4-4-8 所示。

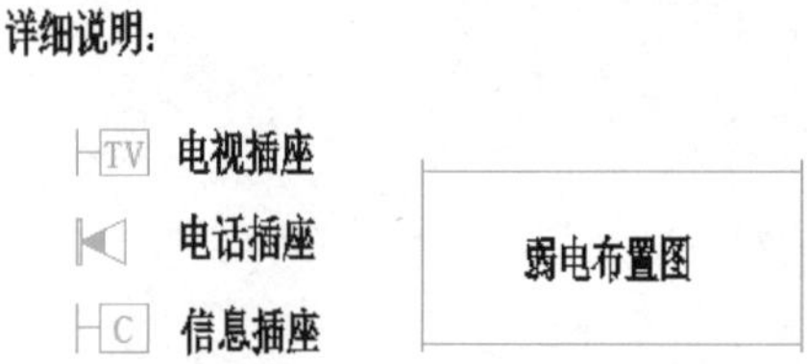

详细说明：

┤TV┤ 电视插座

┤◁┤ 电话插座

┤C┤ 信息插座

弱电布置图

(a) 图例　　　　　(b) 图名

图 4-4-8　绘制图例

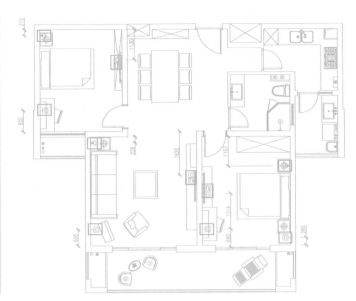

（8）复制弱电器件图形，布置到平面图的各个位置，具体如图4-4-9所示。电视插座3个（客厅、主卧、次卧各1个），信息插座7个（客厅2个、主卧3个、次卧2个），电话插座3个（客厅、主卧、次卧各1个）。

图4-4-9　布置弱电器件

（9）在图形的下方增加备注文字，对该项目的弱电施工加以说明（文字已在文档中）。再将弱电布置图通过模型空间进行打印输出，打印预览效果如图4-4-10所示。

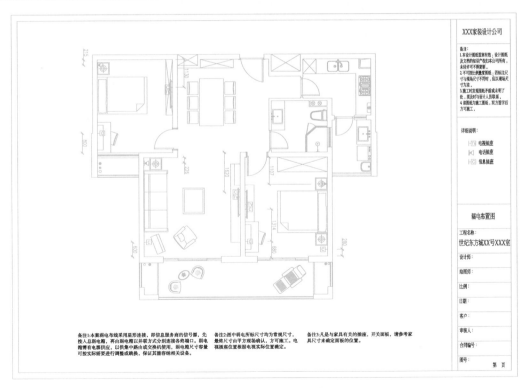

图4-4-10　打印预览效果

项目评价

项目实训评价表

内 容		评	价		
学习目标	评价项目	4	3	2	1
熟练运用绘图命令和编辑命令	能熟练运用绘图命令				
	能熟练运用编辑命令				
熟练掌握图层和图块操作	熟练掌握图层操作				
	熟练掌握创建图块操作				
	熟练掌握图块插入操作				
熟练掌握文字和填充操作	熟练掌握文字注写操作				
	熟练掌握图案填充操作				
熟练掌握尺寸标注操作	能进行尺寸标注样式设置				
	能进行常用尺寸标注操作				
具有打印输出的一般技能	能进行打印机的常规设置				
	能将绘制的图形打印输出				
交流表达能力					
与人合作能力					
沟通能力					
组织能力					
活动能力					
解决问题的能力					
自我提高的能力					
革新、创新的能力					
综 合 评 价					

左侧合并列：职业能力（前11行）、通用能力（后8行）

项目五　装饰立面图的绘制

　　一个房间（空间）是否美观，在很大程度上取决于其室内装饰立面上的艺术处理。在室内设计阶段，立面图主要是用来研究这种艺术处理的。在施工阶段，立面图主要是反映房间（空间）的内貌和立面装饰做法的，如图5-0-1所示。

图5-0-1　室内立面局部效果图

　　室内装饰立面图是室内空间竖向界面的正投影，主要表达各房间（空间）墙面的装饰形式、选用材料及其做法。室内装饰立面图应包括投影方向可见的所有轮廓线和装修构造、门窗、建筑构件、墙面做法、固定家具、灯具、必要的尺寸和标高及需要表达的非固定家具、灯具、装饰物件等。

　　常见的室内装饰设计立面图有客厅背景墙立面图、电视墙立面图、卧室立面图、餐厅立面图、书房立面图、衣柜立面图、厨房立面图和卫生间立面图等。本项目将通过三个任务来完成装饰立面图的绘制，如图5-0-2所示。

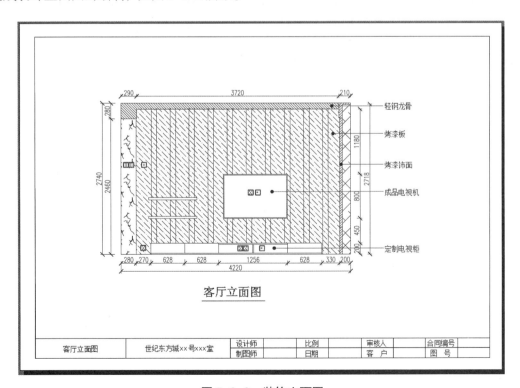

图5-0-2　装饰立面图

项目五"装饰立面图的绘制"与项目四"装饰平面图的绘制"采用的是同一个项目案例。项目四讲述的是装饰公司常用的制图、出图方法,即将各种图纸内容绘制在一个图形文件中,且每张图纸内容都带上图框,打印时采用模型输出的方法。项目五则采用了注释对象与布局打印的输出方法,并且讲述了表格的绘制方法。不同的打印输出方法有着各自的应用场合与优缺点,读者可根据实际需要选择相应的方法。

 【项目目标】

● 熟练运用绘图命令和编辑命令。
● 掌握注释性样式的创建方法。
● 掌握注释性样式的应用方法。
● 掌握表格插入和编辑的方法。
● 掌握布局打印输出的一般技能。

任务一　客厅立面图的绘制

 任务描述

本任务通过绘制一张客厅立面图,来学习创建带注释性功能建筑图样板的方法,以及绘制结构图形、弱电插座(开关)图块的方法,完成的客厅立面设计图如图5-1-1所示。

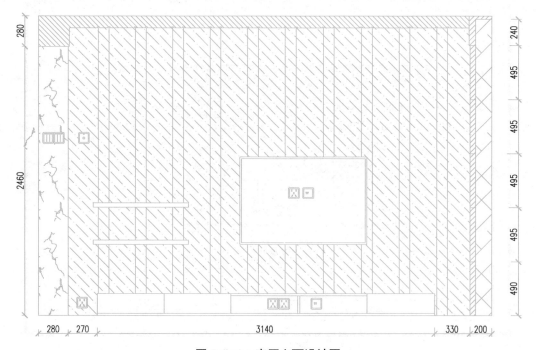

图 5-1-1　客厅立面设计图

本任务要求绘制一个带注释性功能的建筑图样板文件，再根据该样板文件新建并绘制客厅立面图，主要操作步骤如下：

（1）在样板文件中建立图层，以及文字样式、尺寸样式和多重引线样式等带注释性功能的设置对象，保存的样板文件名为"建筑图样板文件（注释性）.dwt"。

（2）绘制客厅装饰墙体立面各结构图形以及电视机、电视柜和搁板等物品图形。

（3）创建弱电插座、开关等图块并插入到立面图中。

（4）对立面图的各部分进行图案填充。将文件保存为"客厅立面图.dwg"。

由于本任务所绘制的图形较大，为了能清晰显示，客厅立面图中只标注了主要图形的外形尺寸，具体细节尺寸请参照"方法与步骤"中的描述。

方法与步骤

1. 新建文件

（1）执行"文件/新建"命令，或在"快速访问"工具栏中单击"新建"按钮，创建新图形文件。

（2）执行"格式/单位"命令，设置绘图时使用的长度单位、角度单位，以及单位的显示格式和精度等参数。

2. 设置图层

（1）单击工具栏上的"图层特性管理器"按钮，再单击"新建图层"按钮，按照要求建立 8 个图层，并设置图层名称、线型、颜色等，如图 5-1-2 所示。

提示：0 层和 Defpoints 图层为系统自带图层。

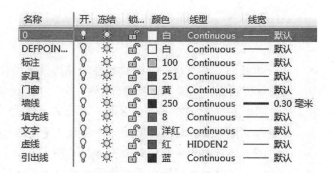

名称	开.	冻结	锁...	颜色	线型	线宽
0	💡	☼	🔓	□ 白	Continuous	—— 默认
DEFPOIN...	💡	☼	🔓	□ 白	Continuous	—— 默认
标注	💡	☼	🔓	■ 100	Continuous	—— 默认
家具	💡	☼	🔓	■ 251	Continuous	—— 默认
门窗	💡	☼	🔓	□ 黄	Continuous	—— 默认
墙线	💡	☼	🔓	■ 250	Continuous	▬▬ 0.30 毫米
填充线	💡	☼	🔓	■ 8	Continuous	—— 默认
文字	💡	☼	🔓	■ 洋红	Continuous	—— 默认
虚线	💡	☼	🔓	■ 红	HIDDEN2	—— 默认
引出线	💡	☼	🔓	■ 蓝	Continuous	—— 默认

（a）图层特性管理器　　　　　　　　　（b）建立图层

图 5-1-2　创建图层

（2）执行"格式 / 线型"命令，选中线型"HIDDEN2"，再单击"显示细节"按钮，设置全局比例因子为"10"，按"确定"按钮，如图 5-1-3 所示。

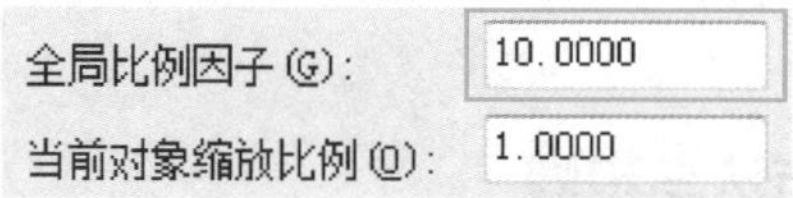

全局比例因子(G):	10.0000
当前对象缩放比例(O):	1.0000

图 5-1-3　设置全局比例因子

3. 设置文字样式和标注样式

（1）执行"格式 / 文字样式"命令，新建文字样式"宋体 – 注释性"。将字体设置为"宋体"，用于在图形中作文字标记。勾选"注释性"，设置"图纸文字高度"为"3"，如图 5-1-4 所示。

图 5-1-4　设置文字样式（1）

（2）继续新建文字样式"数字"。将字体设置为"romans.shx"，用于尺寸标注和字母书写。勾选"注释性"，设置"图纸文字高度"为"3"，如图 5-1-5 所示。

图 5-1-5　设置文字样式（2）

（3）执行"格式/标注样式"命令，创建新标注样式。样式名为"尺寸-立面-注释性"，勾选"注释性"，如图5-1-6所示。

图5-1-6　创建标注样式（1）

（4）点击"继续"按钮，设置"符号和箭头"选项卡中的"箭头"为"建筑标记"，引线为"点"，如图5-1-7所示。

图5-1-7　创建标注样式（2）

（5）在"文字"选项卡中，设置文字样式为"数字"，文字高度为"3"，如图5-1-8所示。

图5-1-8　创建标注样式（3）

（6）在"调整"选项卡的"标注特征比例"中，勾选"注释性"，如图5-1-9所示。

图5-1-9　创建标注样式（4）

（7）设置"主单位"选项卡中的"精度"为"0"，按"确定"按钮，如图 5-1-10 所示。

图 5-1-10　创建标注样式（5）

4. 设置多重引线样式

（1）执行"格式 / 多重引线样式"命令，新建"建筑制图"样式并选中"注释性"，如图 5-1-11 所示。

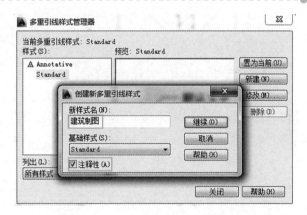

图 5-1-11　创建多重引线样式（1）

（2）点击"继续"按钮，在"引线格式"选项卡中，将颜色、线型、线宽均设置为"Blayer"，箭头符号设置为"点"，大小设置为"2"，如图 5-1-12 所示。

图 5-1-12　创建多重引线样式（2）

（3）在"引线结构"选项卡的"比例"中，选中"注释性"，如图 5-1-13 所示。

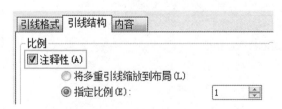

图 5-1-13　创建多重引线样式（3）

（4）设置"内容"选项卡中的
"文字样式"为"宋体 - 注释性"，
按"确定"按钮后再按"置为当
前"按钮，如图 5-1-14 所示。

图 5-1-14　创建多重引线样式（4）

5. 保存为样板文件

（1）将文件另存为样板文件
"建筑图样板文件（注释性）.dwt"，
如图 5-1-15 所示。

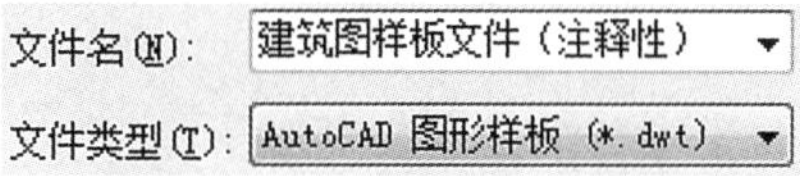

图 5-1-15　保存为样板文件

（2）输入样板说明并按"确
定"按钮，如图 5-1-16 所示。

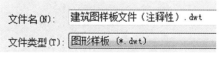

图 5-1-16　输入样板说明

6. 绘制客厅立面图

（1）新建文件，图形样板文件
选择上面创建的"建筑图样板文
件（注释性）.dwt"，如图 5-1-17
所示。

文件名(N)：建筑图样板文件（注释性）.dwt

文件类型(T)：图形样板 (*.dwt)

图 5-1-17　新建文件并选择样板文件

（2）在"墙线"图层绘制墙体
里面的轮廓线，如图 5-1-18 所示。

图 5-1-18　绘制轮廓线

（3）在"家具"图层绘制装饰板和电视柜定位线条，如图 5-1-19 所示。

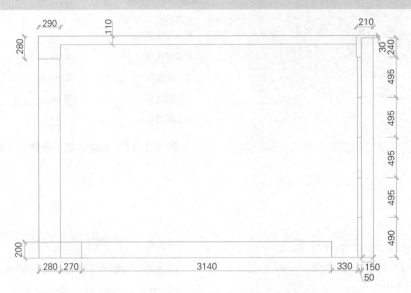

图 5-1-19　绘制装饰板和电视柜定位线条

（4）绘制烤漆板线条。如图 5-1-20（a）所示绘制主体线条，其中"局部放大区域"的尺寸可参照图 5-1-20（b）。

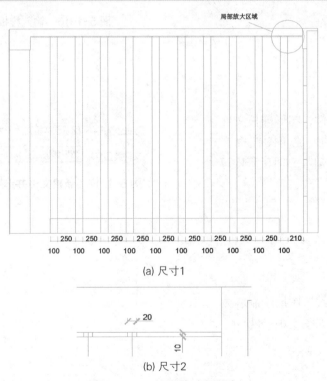

(a) 尺寸1

(b) 尺寸2

图 5-1-20　绘制烤漆板线条

（5）如图 5-1-21 所示的局部放大区域修剪线条，轻钢龙骨下沿位置线条均按此修剪。

图 5-1-21　修剪线条

（6）绘制电视机立面图。图 5-1-22 所示尺寸是电视机外框线条尺寸，内框线与外框线间距为"15"。利用"偏移"命令和"倒角"命令完成内框线的绘制。

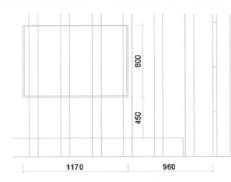

图 5-1-22　绘制电视内、外框线

（7）将电视机内的线条修剪完成。再绘制电视柜立面线条，两条水平线条距离电视柜顶面和底面均为"20"，四条垂直线条间隔均匀，距离均为"628"，如图 5-1-23 所示。

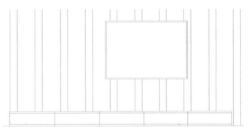

图 5-1-23　绘制电视柜线条

（8）修剪电视柜线条，再绘制电视柜抽屉，抽屉中间两条垂直线条间距为"20"，如图 5-1-24 所示。

(a) 修剪线条

(b) 绘制抽屉

图 5-1-24　修剪电视柜线条

（9）在电视机左侧绘制层板，层板底面与电视机底面齐平，水平中心位置处于装饰板细条中间线位置，如图 5-1-25 所示。

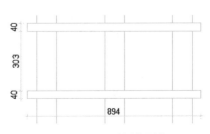

图 5-1-25　绘制层板

（10）在图层"0"绘制如图5-1-26所示的电器开关、插座等图形，并将其转换为图块。将电器图形块插入立面图中，位置如图5-1-1所示。

图 5-1-26　绘制开关、插座

7. 填充图案

（1）在"填充线"图层填充烤漆板图案，图案为"ANSI36"，比例为"20"，角度为"20"，如图5-1-27所示。

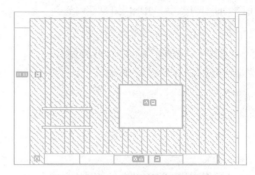

图 5-1-27　填充烤漆板图案

（2）在"填充线"图层填充龙骨结构墙体图案，图案为"ANSI31"，比例为"10"，如图5-1-28所示。

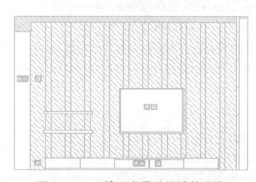

图 5-1-28　填充龙骨结构墙体图案

（3）在"填充线"图层填充左侧大理石结构墙体图案，图案选用自定义图案"大理石2"，比例为"0.7"，如图5-1-29所示。

备注：自定义大理石图案的方法可参见项目四。

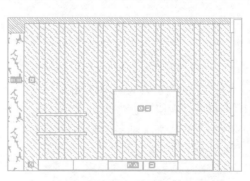

图 5-1-29　填充大理石结构墙体图案

（4）在"填充线"图层填充右侧木纹装饰板烤漆饰面图案，图案选用"LINE"，比例为"10"，角度为"10°"，如图 5-1-30 所示。

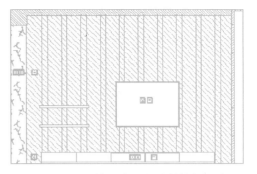

图 5-1-30　填充右侧木纹装饰板图案

（5）在"填充线"图层填充右侧装饰板图案，图案选用"ANSI38"，比例为"50"，如图 5-1-31 所示。图形绘制完成后将其保存为"客厅立面图 .dwg"。

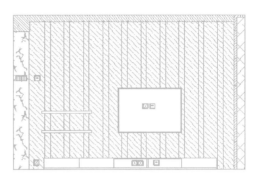

图 5-1-31　填充右侧装饰板图案

相关知识与技能

1. 注释对象

在 AutoCAD 2014 中，我们在创建文字样式、标注样式、图块或进行图案填充时，在对话框中都可以看到"注释性"选项，我们可以通过将对象定义为非注释性或注释性来控制注释对象的缩放方式。

① 非注释性对象要求根据用于打印图形的比例计算出固定的大小或比例。

② 注释性对象会自动进行调整，以采用相同的大小或比例实现显示的一致性，而不考虑视图的比例。

（1）注释对象。

以不同比例打印输出但要求其中的一些图面元素尺寸一致时，可以通过设置注释性比例的方式。当调整模型空间或布局空间视口的注释比例时，这些注释对象的尺寸就会自动按比例变化。

（2）将注释比例添加到注释性对象的方法。

选择注释性对象，在绘图区域中单击鼠标右键，然后执行"注释性对象比例 / 添加 / 删除比例"命令，单击"添加"按钮，选择需要添加的比例。再单击"确定"按钮两次，返回到图形。（提示：按住 Ctrl 键可选择多个比例）

表 5-1-1　图形中创建的常用注释

注　释	图 形 对 象
说明和标签	单行文字、多行文字
表格式数据	表
尺寸	标注
图案填充、渐变和填充	图案填充
带引线的注释和符号	引线、多重引线
标题栏和属性	块、属性定义

（3）自动添加注释比例。

在状态栏上，单击"注释比例更改时自动将比例添加至注释性对象"按钮即可自动添加注释比例。

图 5-1-32　自动添加注释比例

2. 多重引线样式

"多重引线样式管理器"可以用来创建和修改多重引线对象的样式。多重引线样式可以控制引线的外观。用户可以使用默认的多重引线样式"STANDARD"，也可以自定义样式。多重引线样式可以指定基线、引线、箭头和内容的格式。"修改多重引线样式"对话框中各个选项卡的设置内容如下：

（1）"引线格式"选项卡（如图 5-1-33 所示）：用于设置多重引线基本外观和引线箭头的类型和大小，以及执行"标注打断"命令后引线打断的大小。

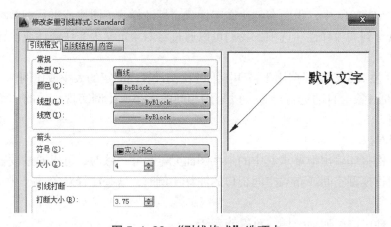

图 5-1-33　"引线格式"选项卡

（2）"引线结构"选项卡（如图 5-1-34 所示）：用于设置引线的结构，包括最大引线点数、第一段角度、第二段角度及引线基线的水平距离。

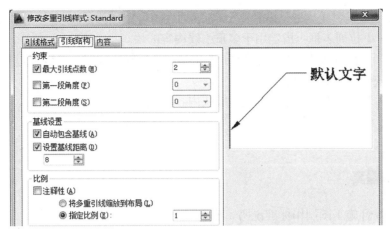

图 5-1-34　"引线结构"选项卡

（3）"内容"选项卡（如图 5-1-35 所示）：用于设置多重引线是包含文字还是包含块。
如果选择"多重引线类型"为"多行文字"，则下列选项可用：

①"默认文字"选项：为多重引线内容设置默认文字。

②"文字样式"下拉列表框：指定属性文字的预定义样式。

③"文字角度"下拉列表框：指定多重引线文字的旋转角度。

④"文字颜色"下拉列表框：指定多重引线文字的颜色。

⑤"文字高度"调整框：指定多重引线文字的高度。

⑥"始终左对齐"复选框：指定多重引线文字始终左对齐。

⑦"文字加框"复选框：使用文本框给多重引线文字内容加框。

⑧"连接位置-左"和"连接位置-右"下拉列表框：用于控制文字位于引线左侧和右侧时基线连接到多重引线文字的方式。

⑨"基线间隙"调整框：指定基线和多重引线文字之间的距离。

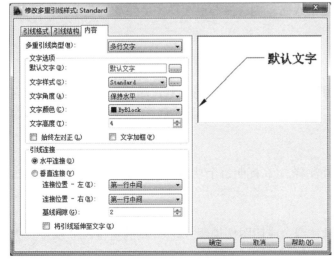

（a）多重引线类型为"多行文字"　　　　　　　　　　　（b）多重引线类型为"块"

图 5-1-35　"内容"选项卡

如果选择"多重引线类型"为"块",则下列选项可用:

① "源块"下拉列表框:指定用于多重引线内容的块。

② "附着"下拉列表框:指定块附着到多重引线对象的方式,可以通过指定块的范围、块的插入点或块的中心点来附着块。

③ "颜色"下拉列表框:指定多重引线块内容的颜色。

④ "比例"调整框:设置比例。

拓展与提高

室内装修设计施工图制作标准说明(节选)

1. 成品房的装修范围

(1)厨房墙顶地饰面、橱柜及厨房电器(不含冰箱)安装到位。

(2)卫生间墙顶地饰面,包含洁具及五金挂件安装到位。

(3)阳台地面。

(4)厅房墙面、天花抹平并饰面乳胶漆。

(5)厅房地面玻化砖或强化木地板铺地。

(6)成品房模压门及门套、门锁五金安装。

(7)所有窗户安装石材窗台板。

(8)厅房、厨卫、阳台灯具的安装。

(9)所有水、电线路安装到位。

2. 单元户内施工图图纸目录

封面、设计说明、图纸目录、户型平面布置图、户型天花布置图、户型电路图、阳台地面铺砖图、阳台给排水布置图、厨房放大平面图、厨房地面铺砖图、厨房天花灯位图、厨房A.B.C.D立面图、厨房A.B.C.D立面铺砖图、厨房电路图、厨房给排水布置图、卫生间放大平面图、卫生间地面铺砖图、卫生间天花灯位图、卫生间A.B.C.D立面图、卫生间A.B.C.D立面铺砖图、卫生间电路图、卫生间给排水布置图、窗台板大样、房门及门套安装大样图、门槛石或挡水石施工大样图。

3. 图纸深度要求

(1)设计说明。

① 整套图纸的概括说明及设计原则的阐述。② 整个室内材料产品的阐述。③ 对于没有具体图纸的部位进行统一的注释(如:厅房的立面做法、工艺要求等)。④ 设计说明中可包括电、气和水系统部分的说明。

(2)总平面图。

① 家具按1:1比例合理摆放,并注释。② 标明每个功能区域及地面材质。③ 户型轴线尺寸清晰。④ 立面索引明确清晰。

(3)天花平面。

① 标明吊顶材料及做法。② 灯具注释,或用图例说明。③ 灯具的定位尺寸及灯具大小、型号注释。

(4)厨卫立面图。

① 墙面的铺砖方式或铺砖原则的注释。② 开关插座的定位尺寸及定位原则说明。③ 橱

柜、洁具的摆放尺寸以及相关五金挂件的安置尺寸。④ 厨房电器的摆放位置。⑤ 整体橱柜的样式。⑥ 橱柜大样图。⑦ 表明所有材料的材质及规格尺寸（包括玻璃的类型厚度、砖的类型和尺寸、镜子的样式、镜前灯的位置等）。

（5）电路图。

① 标明插座的规格和数量，必要时可另附电路设计施工说明。② 在墙面铺砖图上，将开关插座与瓷砖的结合方式标注清晰，避免开关插座位于单块瓷砖的中间。

（6）水路图。

① 厨卫所有下水的具体位置的定位尺寸应清晰明了。② 针对不同的下水和地漏的管径应有说明。③ 下水管与完成墙面的距离尺寸应有注明，特别是座便下水位置的确定。④ 冷热水的进水管定位可用文字说明高度，平面上应有明确的尺寸定位。

（7）大样图。

① 详细交待施工工艺和做法。② 对石材的品种、色泽、规格、倒边方式作出明确的规定。③ 对卫生间瓷砖碰角方式应有注明。④ 厨卫立管包管方式应有注明。⑤ 所有室内阴、阳角的处理方式应有说明。

思考与练习

请参照任务一中的样板文件"建筑图样板文件（注释性）.dwt"的创建步骤，再创建一个带注释性设置的样板文件。然后，根据此样板文件绘制卫生间立面图，如图 5-1-36 所示。图中没有标注的图形尺寸请自行估算。

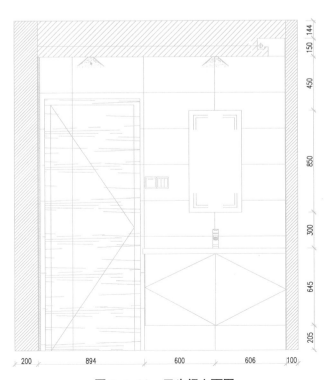

图 5-1-36　卫生间立面图

任务二　立面图的布局打印

任务描述

　　AutoCAD 2014 提供了一种使打印输出图形更为方便的工作空间——布局，我们可以在布局中规划视图的大小和位置。在模型选项卡中，我们可获取无限的图形区域，可以 1∶1 的比例绘制图形，而打印比例则可在布局选项卡中完成。

　　布局是一种图纸空间环境，它模拟图纸页面，提供直观的打印设置。在布局中可以创建并放置视口对象，还可以添加标题栏或其他几何图形；也可以在图形中创建多个布局以显示不同视图，每个布局可以包含不同的打印比例和图纸尺寸。

　　本任务通过在客厅立面图上进行尺寸标注和多重引线标注，并在布局空间创建 A4 横式打印的图框，设置视口比例，来学习立面图图纸布局打印的方法。最终打印输出的图纸效果如图 5-2-1 所示。

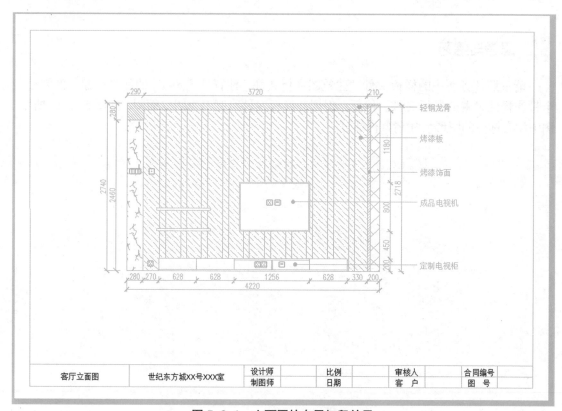

图 5-2-1　立面图的布局打印效果

本任务要求在客厅立面图的基础上进行尺寸和文字的标注并通过布局打印图纸，主要步骤如下：

（1）由于我们在项目五任务一中使用了"注释性"功能，在标注前必须启用"注释可见性"和"注释比例更改时自动将比例添加至注释性对象"。在"标注"图层中标注图形的主要尺寸，添加多重引线。

（2）并切换到"布局"选项卡进行布局设置。本任务中，要设置一个 A4 横式图框的布局页面，通过建立表格样式、插入并编辑表格，形成一个横式标题栏。

（3）在布局选项卡中建立"一个视口"，通过将视口比例设置为 1∶30，使得图形排列合适。通过打印预览窗口，进行图形打印输出的预览，并最终打印输出。

方法与步骤

1. 打开文件，标注尺寸和文字

（1）打开任务二中完成的图形文件"客厅立面图.dwg"，如图5-2-2 所示。

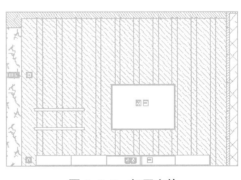

图 5-2-2　打开文件

（2）将标注样式"尺寸 - 立面 - 注释性"置为当前。在"状态栏"中设置注释比例为"1∶30"，启用"注释可见性"和"注释比例更改时自动将比例添加至注释性对象"，如图5-2-3 所示。

(a) 注释比例

(b) 注释可见性

(c) 注释比例更改时自动将比例添加至注释性对象

图 5-2-3　设置标注样式

（3）在"标注"图层，标注客厅立面图的尺寸，如图 5-2-4 所示。为了显示清晰，本例中仅标注部分尺寸。

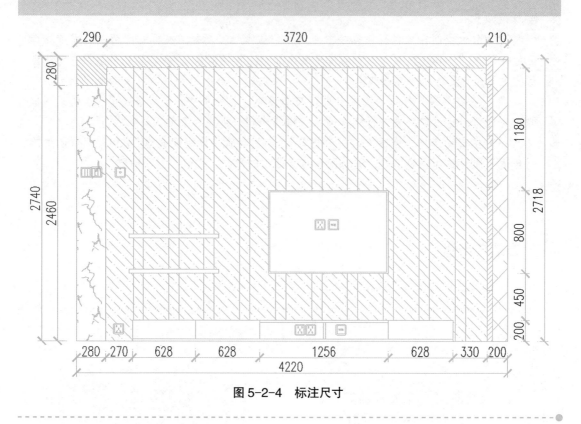

图 5-2-4　标注尺寸

（4）将多重引线样式"建筑制图"置为当前。执行"标注 / 多重引线"命令，使用多重引线注写说明文字，如图 5-2-5 所示。本例仅对部分内容进行了说明。

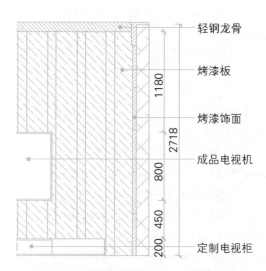

图 5-2-5　使用多重引线注写说明文字

2. 布局设置

（1）确认电脑中是否已连接能打印 A4 图纸的打印机。如果没有安装，请在 Windows 的"设备和打印机"中添加"Epson EPL-N7000"打印机软件，如图 5-2-6 所示。

提示：因为没有真实的打印机设备连接在电脑上，所以安装时请务必不要打印测试页。

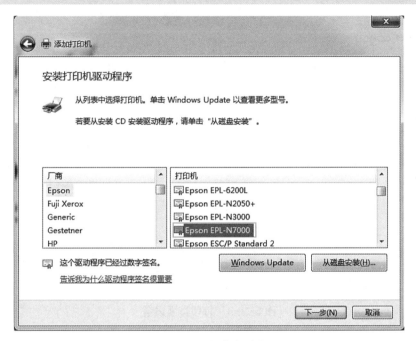

图 5-2-6　添加打印机

（2）单击"布局1"选项卡，切换到布局视图。在"布局1"选项卡上单击鼠标右键，选择"页面设置管理器"，如图 5-2-7 所示。

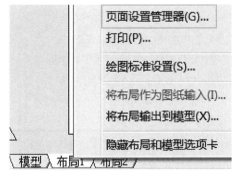

图 5-2-7　选择"页面设置管理器"

（3）新建布局页面并将其命名为"布局 A4 横"，如图 5-2-8 所示。

图 5-2-8　新建布局页面

（4）设置打印机为"Epson EPL-N7000"，打印样式表为"acad.ctb"，设置"图纸尺寸"为"A4"，设置"打印比例"为"1∶1"，设置"图形方向"为"横向"，单击"确定"按钮，如图 5-2-9 所示。

图 5-2-9　打印页面设置

（5）绘制图框，大小为"280×194"，由于打印机需要留空白边，所以图框尺寸比实际 A4 纸尺寸要小些，如图 5-2-10 所示。

提示：

① 图中虚线框表示可打印区域，这与打印机设置有关。

② 实际应用中，我们可以将不同的布局图框（含标题栏）先绘制在一个图形文件中，然后再复制到所需的布局中即可。

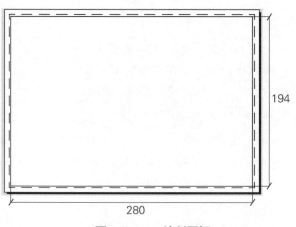

图 5-2-10　绘制图框

3. 设置表格样式并插入表格

（1）执行"格式/表格样式"命令，新建样式"标题栏"，如图5-2-11所示。

图 5-2-11　创建表格样式

（2）确认单元样式为"数据"，在"常规"选项卡中设置"对齐"为"正中"，如图5-2-12所示。

图 5-2-12　设置标题栏样式（1）

（3）在"文字"选项卡中设置文字样式为"宋体-注释性"，文字颜色为"Bylayer"，如图5-2-13所示。

图 5-2-13　设置标题栏样式（2）

（4）在"边框"选项卡中设置线宽为"Bylayer"，线型为"Bylayer"，颜色为"Bylayer"，按"确定"按钮，如图5-2-14所示。

图 5-2-14　设置标题栏样式（3）

（5）使用"绘图"工具栏上的"表格"工具绘制表格，选择表格样式为"标题栏"，如图5-2-15所示。

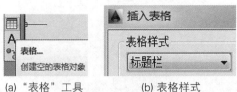

(a)"表格"工具　　　(b) 表格样式

图 5-2-15　插入表格（1）

（6）在"列和行设置"中，将列数设置为"10"，列宽设置为"20"，数据行数为"2"，行高为"2"，按"确定"按钮，如图5-2-16所示。

提示：表格的行高、列宽在特性对话框中可以后期调整。

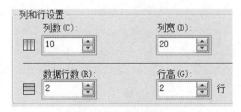

图 5-2-16　插入表格（2）

（7）插入表格后，选中表格，再选中表格前的行序号，弹出"表格"工具条，单击"删除行"按钮，删除表格的第一行和第二行，如图5-2-17所示。

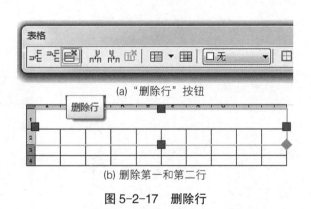

(a)"删除行"按钮

(b) 删除第一和第二行

图 5-2-17　删除行

（8）选中表格，执行"修改／特性"命令，将表格高度修改为"12"，如图5-2-18所示。

提示：在 AutoCAD 2014 插入表格时，行高只能设置成整数行倍数。通过调整特性里的表格高度，可以修改行高。

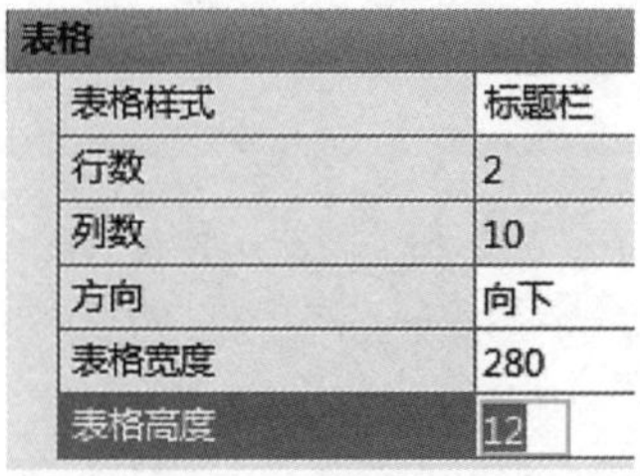

表格	
表格样式	标题栏
行数	2
列数	10
方向	向下
表格宽度	280
表格高度	12

图 5-2-18　修改表格高度

（9）移动表格到图 5-2-19 所示的位置，使表格的右下角点与图框的右下角点重合。

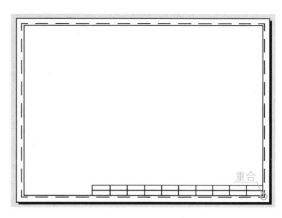

图 5-2-19 移动表格

（10）使用夹点功能，对表格的左边两列进行列宽调整，调整后如图 5-2-20 所示。

(a) 夹点

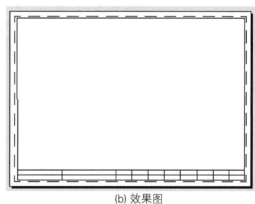

(b) 效果图

图 5-2-20 调整列宽

（11）用鼠标拖选需要合并的单元格，单击"合并单元"中的"全部"选项，如图 5-2-21（a）所示。效果如图 5-2-21（b）所示，完成第一列和第二列上下两行单元格的合并。

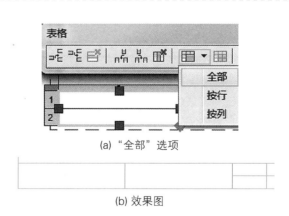

(a) "全部"选项

(b) 效果图

图 5-2-21 合并单元格

（12）双击单元格，在表格中输入文字，最后完成的标题栏如图 5-2-22 所示。

| 客厅立面图 | 世纪东方城XX号XXX室 | 设计师 | | 比例 | | 审核人 | | 合同编号 | |
| | | 制图师 | | 日期 | | 客　户 | | 图　号 | |

图 5-2-22　输入表格文字

4. 布局打印

（1）执行"视图 / 视口 / 一个视口"命令，如图 5-2-23 所示。

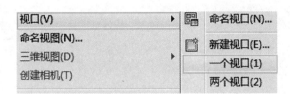

图 5-2-23　执行"视口"命令

（2）在布局视图内绘制视口，如图 5-2-24 所示，左上角靠近图框左上角，右下角靠近标题栏表格右上角。视口内立即呈现模型视图中绘制的全部图形。

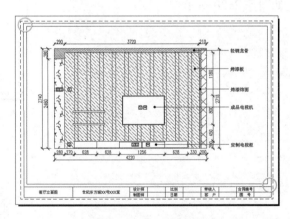

图 5-2-24　创建视口

（3）选中视口线框，在"视口比例"中选择比例"1：30"，如图 5-2-25（a）所示。

此时，视口窗口中的图形按比例进行了自动缩放。标注的文字和多重引线等注释性内容则大小不变，如图 5-2-25（b）所示。

(a) 视口比例

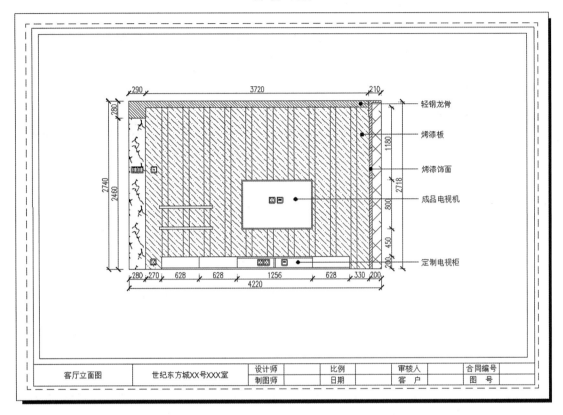

(b) 效果图

图 5-2-25　调整视口比例

（4）选中视口线框，单击"图层控制"的下拉菜单，选中"DEFPOINTS"图层，将视口线框的当前图层改为该图层，如图5-2-26所示。

提示：DEFPOINTS 图层为CAD自带的默认不打印图层。

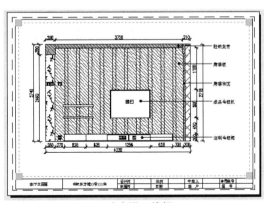

(a) 选中视口线框

(b) "DEFPOINTS" 图层

图 5-2-26　更改视口线框的图层

（5）在"布局1"选项卡上单击鼠标右键，选择"打印"选项。在"打印-布局1"对话框中单击左下角的"预览"按钮。在"打印预览"窗口查看打印效果。如果满意则单击鼠标右键，选择"打印"选项即可将图形输出。

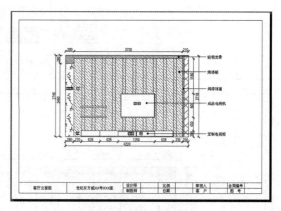

图 5-2-27　打印预览

1. 布局

AutoCAD 2014 的布局是一种图纸空间环境，它模拟图纸页面，提供直观的打印设置。在布局中可以创建并放置视口对象，还可以添加标题栏或其他几何图形。此外，还可以在图形中创建多个布局以显示不同视图，每个布局可以包含不同的打印比例和图纸尺寸。布局显示的图形与图纸页面上打印出来的图形完全一样。

（1）模型空间与图纸空间。

项目一至项目四中所有的内容都是在模型空间中进行绘制的，模型空间是一个三维坐标空间，主要用于几何模型的构建。当需要将几何模型进行打印输出时，则通常在图纸空间中完成。图纸空间就像一张图纸，打印之前可以在上面排放图形。图纸空间用于创建最终的打印布局，而不用于绘图或设计工作。

在 AutoCAD 2014 中，图纸空间是以布局的形式来体现的。一个图形文件可包含多个布局，每个布局代表一张单独的打印输出图纸。在绘图区域底部选择布局选项卡，就能查看相应的布局，如图 5-2-28 所示。

在图纸空间中，我们可随时选择"模型"选项卡来返回模型空间，也可以在当前布局中创建浮动视口来访问模型空间。浮动视口相当于模型空间中的视图对象，我们可以在浮动视口中处理模型空间对象。在模型空间中的所有修改都将反映到所有图纸的空间视口中。

（2）使用布局进行打印的优点。

① 可以严格按照比例来打印。

② 涉及三维图形出图的时候，只有

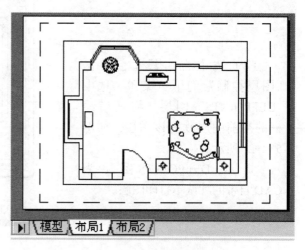

图 5-2-28　布局选项卡

布局才能解决。

③ 布局支持批处理打印。

④ 直接建立布局文件并存为样板文件，可使其成为公司或个人的标准。

（3）使用布局进行打印的基本步骤。

一般情况下，设计布局环境包含以下几个步骤：

① 创建模型图形。

② 配置打印设备。

③ 激活或创建布局。

④ 指定布局页面设置，如：打印设备、图纸尺寸、打印区域、打印比例和图形方向。

⑤ 使用样板或插入标题栏。

⑥ 创建浮动视口并将其置于布局中。

⑦ 设置浮动视口的视图比例。

⑧ 按照需要在布局中创建注释和几何图形。

⑨ 打印布局。

（4）概念解释。

① 布局：打印所创建布局中的图形。

② 范围：所打印图形为绘图界限（Limits 命令）设定的范围。

③ 显示：打印当前屏幕显示的图形。即使只显示局部（如使用放缩工具放大时），也只打印屏幕显示的部分。

④ 窗口：返回绘图窗口进行选择，并将矩形选择框内的图形打印出来。

⑤ 打印比例：缩小的比例从 1：1 到 1：100，放大的比例从 2：1 到 100：1，可以根据需要选择。

⑥ 打印偏移：在此设定图形在纸张上 X、Y 方向的偏移量，一般采用默认数值即可。

⑦ 着色视口选项：选择图纸的打印质量。

⑧ 打印选项：一般采用默认选项即可。

2. 表格

（1）创建和修改表格。

创建表格对象时，首先要创建一个空表格，然后再在表格的单元中添加内容。

表格创建完成后，我们可以单击该表格上的任意网格线以选中该表格，然后通过使用"特性"选项板或夹点来修改该表格，如图 5-2-29 所示。

当修改表格的高度或宽度时，行或列将按比例变化。修改列的宽度时，表格将加宽或变窄以适应列宽的变化。要维持表宽不变，需要在使用列夹点时按住 Ctrl 键。

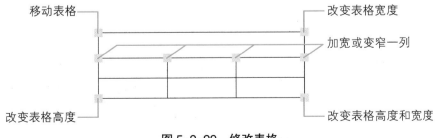

图 5-2-29　修改表格

拖动单元上的夹点可以使该单元的列或行更宽或更窄。如要选择多个单元，请单击并在多个单元上拖动，或按住 Shift 键并在另一个单元内单击，可以同时选中这两个单元以及它们之间的所有单元。选中单元后，可以单击鼠标右键，然后使用快捷菜单上的选项来进行"插入 / 删除列和行"、"合并相邻单元"或进行其他修改。选中单元后，可以使用 Crtl+Y 组合键来重复上一个操作，包括在"特性"选项板中所做的更改。

（2）使用表格样式。

表格样式可以指定标题、列标题和数据行的格式。例如，在 STANDARD 表格样式中，第一行是标题行，由文字居中的合并单元行组成。第二行是列标题行，其他行都是数据行。表格样式可以为每种行的文字和网格线指定不同的对齐方式和外观。表格单元中的文字外观由当前表格样式中指定的文字样式控制，可以使用图形中的任何文字样式或自己创建的新样式。此外，还可以定义标题、列标题和数据行的数据和格式，也可以覆盖特殊单元的数据和格式。

（3）向表格中添加文字和块。

表格单元中的数据可以是文字或块。创建表格后，会亮显第一个单元，显示"文字格式"工具栏时可以开始输入文字。单元的行高会加大以适应输入文字的行数。在表格单元中插入块时，可以让块自动适应单元的大小，或者可以调整单元以适应块的大小。

拓展与提高

1. CAD 标准概述

为维护图形文件的一致性，我们可以创建标准文件以定义常用属性。标准是为命名对象（如图层和文字样式）定义一组常用特性。为了增强一致性，我们可以通过"工具 /CAD 标准"命令来创建、应用和核查图形中的标准，如图 5-2-30（a）所示。在合作环境下，许多人都致力于创建一个图形，所以在这种情况，标准就特别重要。我们可以为创建标准的命名

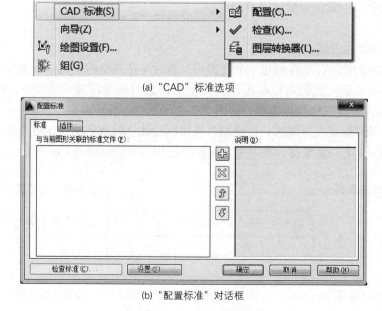

(a) "CAD"标准选项

(b) "配置标准"对话框

图 5-2-30　CAD 标准配置

对象有图层、文字样式、线型、标注样式。

在定义标准后，可以将其保存为标准文件。然后可以将标准文件同一个或更多图形文件关联起来，如图 5-2-30（b）所示。在标准文件与图形相关联后，应该定期检查该图形，以确保它符合标准。

2. 图纸集

图纸集是几个图形文件中图纸的有序集合，其中的图纸来自几个图形文件，图纸是从图形文件中选定的布局，如图 5-2-31 所示。

对于大多数设计组来说，图形集是主要的提交对象。图形集用于传达项目的总体设计意图并为该项目提供文档和说明。然而，手动管理图形集的过程较为复杂和费时。

通过创建图纸集，可以将图纸集作为一个项目进行管理、传递、发布和归档。具体创建步骤如下：

执行"文件/新建图纸集"命令，然后遵循"创建图纸集"向导中的步骤，选择"现有图形"从头开始创建图纸集，也可以使用"样例图纸集"作为样板进行创建。

① 从"样例图纸集"创建时，样例图纸集提供新图纸集的组织结构和默认设置，还可以指定根据图纸集的子集存储路径创建文件夹。使用此选项创建空图纸集后，可以单独输入布局或创建图纸。

② 从"现有图形"创建时，可以指定一个或多个包含图形文件的文件夹。使用此选项，可以让图纸集的子集组织复制图形文件的文件夹结构。另外，这些图形的布局可被自动输入图纸集中。

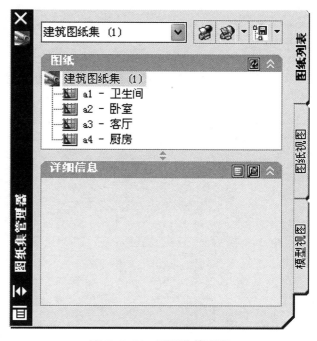

图 5-2-31　图纸集管理器

思考与练习

打开"项目五\练习\卫生间立面图的布局打印.dwg"文件，参照任务二的客厅立面图布局打印的制作过程，对卫生间立面图进行尺寸标注和引线标注（如图 5-2-32 所示），并建立 A4 纸横式打印布局，按一个视口（1∶20）进行打印输出（如图 5-2-33 所示）。

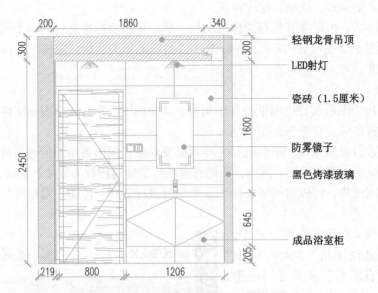

轻钢龙骨吊顶

LED射灯

瓷砖（1.5厘米）

防雾镜子

黑色烤漆玻璃

成品浴室柜

图 5-2-32　卫生间的尺寸标注和引线标注

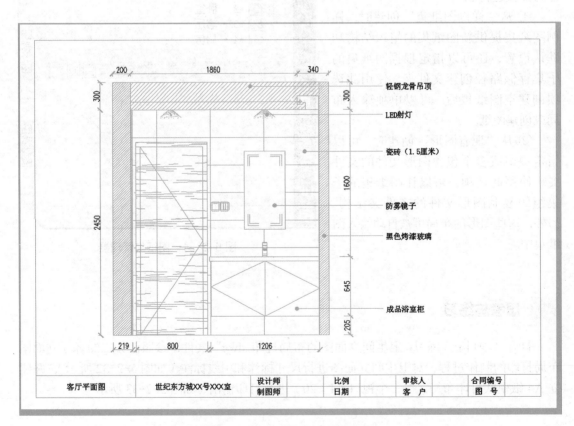

客厅平面图	世纪东方城XX号XXX室	设计师		比例		审核人		合同编号	
		制图师		日期		客　户		图　号	

图 5-2-33　卫生间的布局打印

任务三 立面详图的绘制

任务描述

详图是指在工程制图中对物体的细部或构件、配件用较大的比例将其形状、大小、材料和做法详细表示出来的图样。在房屋建筑室内装饰装修设计中，指表现细部形态的图样，又称"大图样"。

我们可以在布局中建立多个浮动视口，这些视口的大小可以不一致，并且可以是相互独立的，也可以在其中一个视口中再创建另一个视口。在同一张图纸上创建多个视口，不但可以展现同一图形对象的不同视角的视图，而且可以展现同一图形对象的不同比例的视图。

本任务通过绘制墙体装饰结构局部详图，并利用注释性标注样式进行局部详图的尺寸标注，利用多重引线进行工艺性文字的注写，最后在布局中设置两个视口，实现客厅立面图和局部详图的不同打印比例输出，从而来学习局部详图的绘制方法和布局的多比例打印方法，进一步巩固并掌握注释性对象和多重引线的操作步骤。最后的打印效果如图 5-3-1 所示。

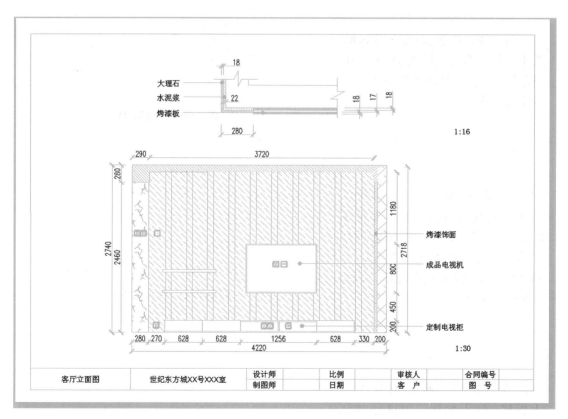

图 5-3-1 客厅电视墙立面详图的打印效果

本任务要求绘制墙体装饰结构局部详图，并在布局中设置两个视口，实现客厅立面图和局部详图的不同打印比例输出，主要操作步骤如下：

　　（1）在图形文件"客厅立面图"的基础上，绘制墙体装饰结构局部详图。

　　（2）使用标注样式"标注－立面－注释性"标注客厅立面局部详图的尺寸。为了使图纸显示清晰，本任务中仅要求标注部分尺寸，再使用多重引线注写说明文字。本任务仅对部分内容进行了说明。

　　（3）在布局中设置两个视口，实现客厅立面图和局部详图的不同打印比例输出。

　　（4）图形绘制完成后保存为"装饰立面图－多比例打印 .dwg"。

方法与步骤

1. 打开文件，绘制详图的图形

　　（1）打开任务二中绘制完成的图形文件"客厅立面图 .dwg"。在"墙线"图层绘制如图 5-3-2 所示的七条直线。

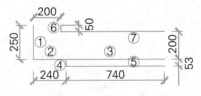

图 5-3-2　绘制直线

　　（2）将左侧和下方的两条直线向外侧偏移两次，第一次偏移的距离为"22"，第二次偏移的距离为"18"，如图 5-3-3（a）所示。再将直线进行倒角处理，如图 5-3-3（b）所示。

(a) 偏移　　　　　　(b) 倒角

图 5-3-3　偏移直线（1）

　　（3）将长度为 740 的直线向上偏移，向上偏移的距离分别为"18"和"17"，如图 5-3-4 所示。

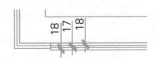

图 5-3-4　偏移直线（2）

（4）绘制两处折断线，如图 5-3-5 所示。

图 5-3-5　绘制折断线

（5）在"填充线"图层填充装饰墙体图案，图案为"ANSI31"，比例自定，如图 5-3-6 所示。

图 5-3-6　填充墙体图案

2. 尺寸和文字的注写

（1）切换到"标注"图层，将标注样式"尺寸－立面－注释性"置为当前。设置注释比例为"1：30"，如图 5-3-7（a）所示。启用"注释可见性"和"注释比例更改时自动将比例添加至注释性对象"，如图 5-3-7（b）、（c）所示。

(a) 注释比例

(b) 注释可见性

(c) 注释比例更改时自动将比例添加至注释性对象

图 5-3-7　设置注释比例并启用相关功能

（2）在"标注"图层，如图 5-3-8 所示标注尺寸。

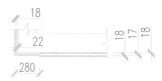

图 5-3-8　标注尺寸

（3）将多重引线样式"建筑制图"置为当前。执行"标注／多重引线"命令，使用多重引线注写说明文字（本例仅对部分内容进行了说明），如图 5-3-9 所示。

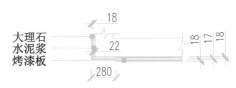

图 5-3-9　注写说明文字

3. 布局打印

（1）单击"布局1"选项卡，显示布局视图，其中包含了任务二中创建的带标题栏的布局图形，选中图 5-3-10 所示的虚框线，按 Delete 键删除。

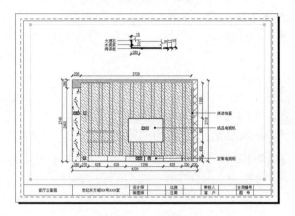

图 5-3-10　删除视口

（2）执行"视图/视口/两个视口"命令，如图 5-3-11 所示。

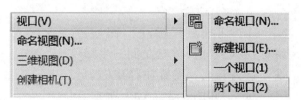

图 5-3-11　选择"两个视口"命令

（3）选择视口的排列方式为"水平"，如图 5-3-12 所示。

图 5-3-12　选择排列方式

（4）在视图的左上角和右下角点选第一角点和第二角点，视口内立即呈现模型视图中绘制的全部图形，显示结果如图 5-3-13 所示。上下两个视口显示的内容和比例完全一致。

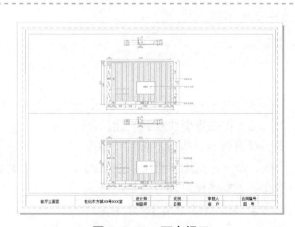

图 5-3-13　两个视口

（5）利用夹点功能调整上下两个视口的高度，将上面的视口高度适当减少，将下面的视口高度适当增加，如图5-3-14所示。

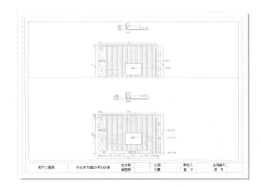

图 5-3-14　调整视口

（6）选中下面一个视口的框线，在"视口比例"中选择"1∶30"。再选中上面一个视口的框线，在"视口比例"中选择"1∶16"，如图5-3-15所示。

图 5-3-15　调整视口比例

（7）视口窗口中的图形按比例进行了自动缩放。标注的文字和多重引线等注释性内容则保持不变。双击选中视口，使用工具栏的"实时平移"工具调整图形显示的位置，在视口中的效果如图5-3-16所示。

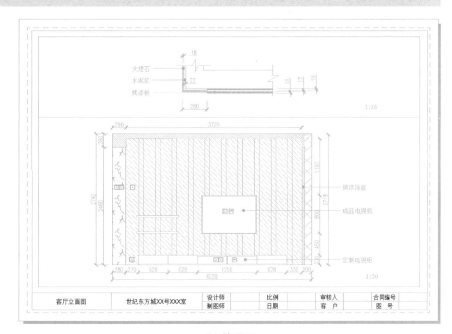

(a)"实时平移"工具

(b) 效果图

图 5-3-16　调整视口中的图形位置

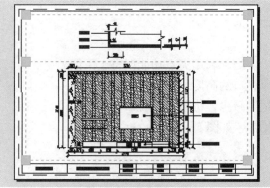

(a) 选中视口线框

(b) "DEFPOINTS" 图层

图 5-3-17　改变线框的图层

（8）选中视口线框，单击"图层控制"的下拉菜单，选中"Defpoints"图层，将线框改换图层，如图 5-3-17 所示。

提示：Defpoints 图层为 CAD 自带的默认不打印图层。

（9）在"布局1"标签上单击鼠标右键，选择"打印"选项。在"打印-布局1"对话框中单击左下角的"预览"按钮。在"打印预览"窗口查看打印效果，如图 5-3-18 所示。如果满意则单击鼠标右键，选择"打印"即可将图形输出。保存文件并将其命名为"装饰立面图-多比例打印 .dwg"。

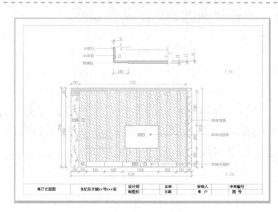

图 5-3-18　打印预览

 相关知识与技能

1. 大样图

将房屋构造中局部要体现清楚的细节用较大比例绘制出来，以表达出构造的做法、尺寸、构配件相互关系和建筑材料等，这称为大样图（如图 5-3-19 所示）。大样图主要表现的是那些不常规或特殊的节点构造，主要包括以下方面：

（1）内外墙节点、楼梯，以及电梯、厨房、卫生间等局部平面，要单独绘制大样和构造详图。

（2）室内外装饰方面的构造、线脚、图案、造型等。

（3）特殊的或非标准的门、窗、幕墙等也应有构造详图。

（4）其他凡在平、立、剖面或文字说明中无法交待或交待不清的建筑构配件和建筑构造。

（5）对紧邻的原有建筑，应绘出其局部的平、立、剖面，并索引新建筑与原有建筑结合处的详图号。

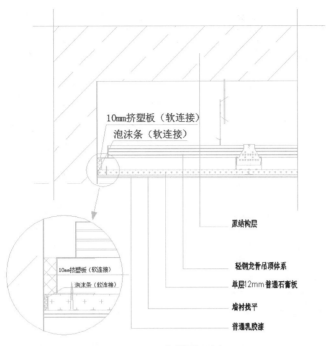

图 5-3-19　大样图示例

2. 多比例出图

在绘图过程中，我们会遇到多个比例的图共存一张图纸上的情况。在布局空间通过设置不同比例的视口，可以实现多比例布图、出图，利用注释比例可让所有视口的文字、标注等图形的打印尺寸保持一致。

AutoCAD 2014 可以创建布满整个布局的单一布局视口，也可以在布局中创建多个布局视口。创建视口后，可以根据需要更改其大小、特性、比例并可对其进行移动。

当使用注释性对象时，缩放注释对象的过程是自动的。通过指定图纸高度或比例，然后指定显示对象所用的注释比例来定义注释性对象。注释性对象可能具有多种指定的比例，并且每个比例表达可以相互独立移动。

 拓展与提高

1. 工具选项板

工具选项板提供了一种用来组织、共享和放置块、图案填充及其他工具的有效方法。工具选项板还可以包含由第三方开发人员提供的自定义工具，执行"工具 / 选项板 / 工具选项板"命令打开工具选项板，如图 5-3-20 所示。

（1）创建工具。

这里的工具是指添加到工具选项板的项目，可以通过将项目拖至工具选项板（一次一项）来创建工具，这些项目包括：几何对象（如：直线、圆和多段线）、标注、块、图案填充、实体填充、渐变填充、光栅图像、外部参照。

例如，如果将线宽为 0.1 mm 的红色的圆从图形拖至工具选项板，则新工具将创建一个

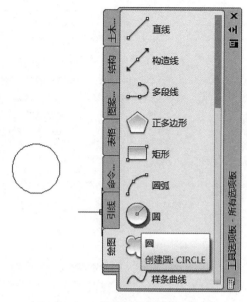

图 5-3-20 工具选项板　　　　　　　图 5-3-21 将图形拖至工具选项板

线宽为 0.1 mm 的红色的圆，如图 5-3-21 所示。如果将块或外部参照拖至工具选项板，则新工具将在图形中插入一个具有相同特性的块或外部参照。

　　将几何对象或标注拖至工具选项板后，会自动创建新工具。在工具选项板上单击工具图标右侧的箭头可以弹出工具列表。使用列表中的工具时，图形中对象的特性将与工具选项板上原始工具的特性相同。

（2）更改工具的特性。

　　在某个工具上单击鼠标右键，然后单击快捷菜单中的"特性"，弹出"工具特性"对话框，如图 5-3-22 所示。"工具特性"对话框中包含以下两类特性：

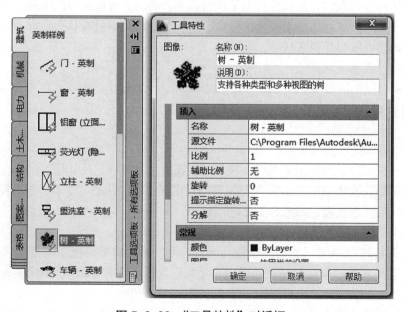

图 5-3-22 "工具特性"对话框

①"插入"特性：控制与对象有关的特性，如：比例、旋转和角度。

②"常规"特性：替代当前图形的特性设置，如：图层、颜色和线型。

2. 设计中心

AutoCAD 2014 设计中心提供了一个直观且高效的工具，它与 Windows 资源管理器类似。执行"工具 / 选项板 / 设计中心"命令可打开"设计中心"窗口，如图 5-3-23 所示。

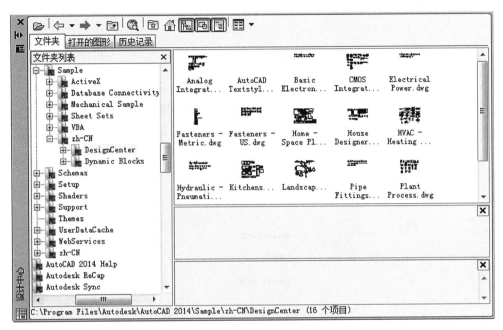

图 5-3-23 "设计中心"窗口

使用 AutoCAD 2014 的设计中心可以完成如下工作：

（1）浏览用户计算机、网络驱动器和 Web 页上的图形内容（如：图形或符号库）。

（2）查看任意图形文件中块和图层的定义表，然后将定义插入、附着、复制和粘贴到当前图形中。

（3）更新（重定义）块定义。

（4）创建指向常用图形、文件夹和 Internet 网址的快捷方式。

（5）向图形中添加内容（如：外部参照、块和图案填充）。

（6）在新窗口中打开图形文件。

（7）将图形、块和图案填充拖动到工具选项板上以便于访问。

（8）可以在打开的图形之间复制和粘贴内容（如：图层定义、布局和文字样式）。

思考与练习

打开项目五任务二"思考与练习"中绘制的"卫生间立面的布局打印 .dwg"文件，参照任务三"客厅立面详图绘制"的操作过程进行详图的绘制（如图 5-3-24 所示），并建立两个垂直视口的布局打印，按不同比例进行打印输出（如图 5-3-25 所示）。

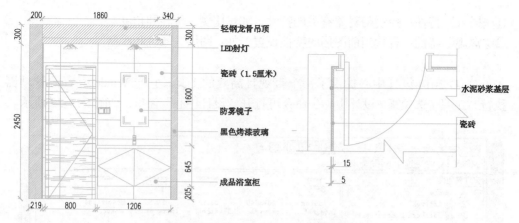

图 5-3-24　卫生间立面与局部详图

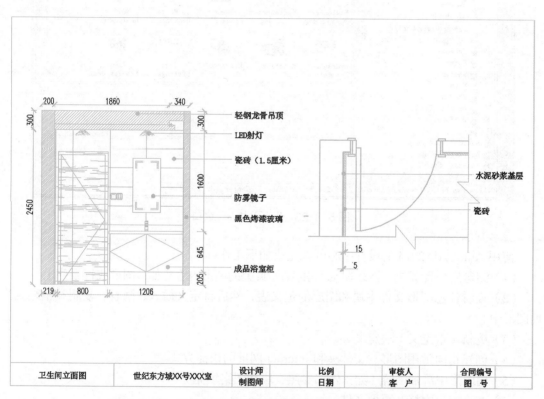

卫生间立面图	世纪东方城XX号XXX室	设计师		比例		审核人		合同编号	
		制图师		日期		客户		图号	

图 5-3-25　卫生间立面与局部详图不同比例打印输出的效果

项目实训五　主卧立面图的绘制

项目描述

　　卧室电视背景墙需要以最简单的姿态表现出温馨的效果，让人在卧室中能感到宁静和安逸，如图 5-4-1 所示。

本实训要求绘制一张主卧立面图，利用"注释性"进行尺寸标注、多重引线和文字注写，并利用视口进行布局打印输出，最终效果如图5-4-2所示。

图 5-4-1　主卧效果图

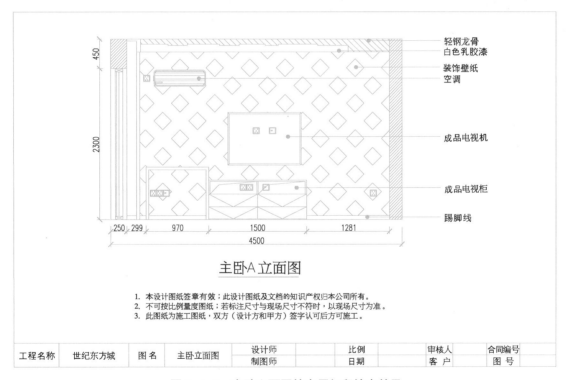

图 5-4-2　主卧立面图的布局打印输出效果

【实训要求】

● 熟练运用绘图命令和编辑命令。
● 掌握注释性样式的创建方法。
● 掌握注释性样式的应用。
● 掌握表格插入和编辑的方法。
● 掌握布局打印输出的一般技能。

（1）打开"项目五\项目实训五\卧室立面图.dwg"文件，如图5-4-3所示。查看图形并了解不同图形对象所在的图层。如果图形处于不正确或不合理的图层，请调整。熟悉主卧电视墙布局和功能定位，思考在实际家庭装修时应该布置的弱电模块与数量。

图5-4-3　打开文件

（2）绘制弱电插座模块。外框矩形为"100×100"，并向内偏移"10"得到内框线，圆角半径值为"10"，如图5-4-4所示。

图5-4-4　绘制插座

（3）将弱电插座模块在墙体上定位，定位尺寸如图5-4-5所示。

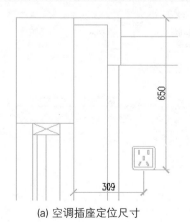

(a) 空调插座定位尺寸

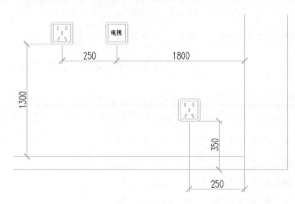

(b) 电视机插座定位尺寸(本图尺寸做了变形处理)

图5-4-5　弱电定位（a）、（b）

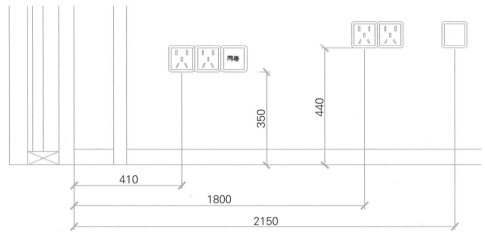

(c) 电视柜及工作台插座定位尺寸(本图尺寸做了变形处理)

图 5-4-5　弱电定位（c）

（4）将提供的电视机、挂壁空调、电视柜及工作台移动到图形内，效果如图 5-4-6 所示，定位尺寸自定。

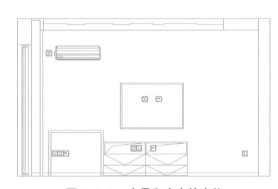

图 5-4-6　家具和家电的定位

（5）修剪电视柜（工作台）与踢脚线重合处的图形，并填充图案。图案样式与比例效果如图 5-4-7 所示。

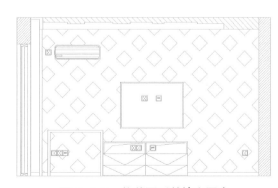

图 5-4-7　修剪图形并填充图案

（6）参照本项目任务二设置文字样式，勾选"注释性"，设置图纸文字高度为"3"，如图5-4-8所示。然后再设置注释性的标注样式和多重引线样式。

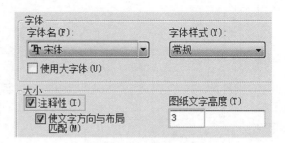

图 5-4-8　设置文字样式

（7）设置注释比例为"1：30"，启用"注释可见性"和"注释比例更改时自动将比例添加至注释性对象"。在"标注"图层，标注卧室立面图的尺寸，并使用多重引线注写说明文字，如图5-4-9所示。（本例仅对部分内容进行了标注和说明）

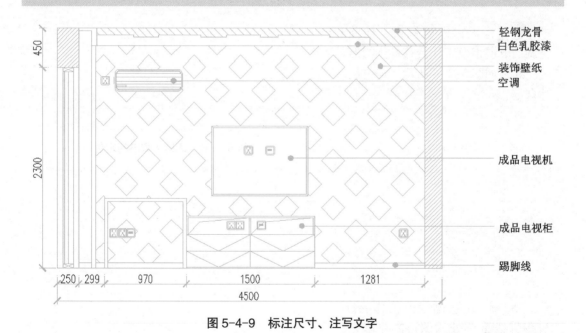

图 5-4-9　标注尺寸、注写文字

（8）在图形下方输入"主卧A立面图"和备注内容，如图5-4-10所示。

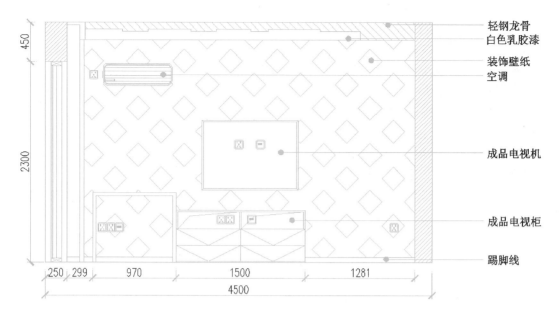

轻钢龙骨
白色乳胶漆

装饰壁纸
空调

成品电视机

成品电视柜

踢脚线

450
2300

250 299 970 1500 1281
4500

主卧A立面图

1. 本设计图纸签章有效；此设计图纸及文档的知识产权归本公司所有。
2. 不可按比例量度图纸；若标注尺寸与现场尺寸不符时，以现场尺寸为准。
3. 此图纸为施工图纸，双方（设计方和甲方）签字认可后方可施工。

图 5-4-10　输入文字

（9）在"布局1"中设置 A4 横排版面布局并绘制图框，大小为"280×194"，如图 5-4-11 所示。

提示：图中虚线框表示可打印区域，这与打印机设置有关。打印机可以统一制定一种型号。

图 5-4-11　设置 A4 横排版面布局

（10）参照本项目任务二，设置表格样式为"标题栏"并插入表格。合并单元格，再输入相应的文字，如图 5-4-12 所示。

工程名称	世纪东方城	图　名	主卧立面图	设计师		比例		审核人		合同编号	
				制图师		日期		客　户		图　号	

图 5-4-12　绘制表格并输入文字

（11）执行"视图 / 视口 / 一个视口"命令，选中视口框线，在"视口比例"中选择"1：30"。此时，视口窗口中的图形按比例进行了自动缩放，但标注的文字和多重引线等注释性内容则保持不变。调整图纸的显示位置，保持上下左右空白间距适中，如图 5-4-13 所示。

图 5-4-13　设置视口

（12）将视口线框切换到"Defpoints"图层。在"布局1"标签上单击鼠标右键，选择"打印"选项进行打印预览，查看打印效果，如图 5-4-14 所示。如果满意则单击鼠标右键，选择"打印"即可将图形输出。

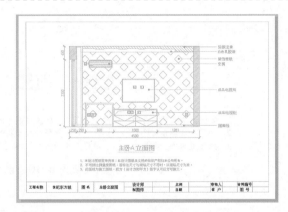

图 5-4-14　打印预览

项目评价

项目实训评价表

内　　容		评　　价			
学习目标	评价项目	4	3	2	1
职业能力 —— 熟练运用绘图命令和编辑命令	能熟练运用绘图命令				
	能熟练运用编辑命令				
熟练掌握注释性样式的创建方法	熟练建立注释性文字样式				
	熟练建立注释性标注样式				
	熟练建立注释性引线样式				
熟练掌握注释性样式的应用	熟练掌握注释性文字注写				
	熟练掌握注释性尺寸标注				
	熟练掌握注释性引线标注				

	内　容		评　价			
	学习目标	评价项目	4	3	2	1
职业能力	掌握表格插入和编辑的方法	能熟练进行表格插入操作				
		能熟练进行标题单元格编辑				
	掌握布局打印输出的一般技能	能进行布局的常规设置				
		能利用布局进行多比例输出				
通用能力	交流表达能力					
	与人合作能力					
	沟通能力					
	组织能力					
	活动能力					
	解决问题的能力					
	自我提高的能力					
	革新、创新的能力					
综　合　评　价						

参考资料

1.《AutoCAD 2014 中文版建筑与土木工程制图快速入门实例教程》，单春阳、胡仁喜、张日晶等编著，机械工业出版社，2014 年 2 月

2.《从零开始——AutoCAD 2014 中文版建筑制图基础培训教程》，朱立东、姜勇、赵艳编著，人民邮电出版社，2014 年 10 月

3.《AutoCAD 2012 建筑制图实用教程（第二版）》，孔德志编著，中国建筑工业出版社，2013 年 6 月

4.《AutoCAD 2007——建筑装饰》，叶家敏主编，华东师范大学出版社，2010 年 7 月

5.《房屋建筑室内装饰装修制图标准》JGJ / T 244—2011

6.《建筑制图标准》GB/T 50104—2010

7.《房屋建筑制图统一标准》GB/T 50001—2010

8.《总图制图标准》GB/T 50103—2010